生态环境监测与环境地质

刘　侣　孙　阳　李光明◎著

贵州出版集团
贵州人民出版社

图书在版编目（CIP）数据

生态环境监测与环境地质 / 刘侣，孙阳，李光明著.

贵阳：贵州人民出版社，2024. 10. -- ISBN 978-7-221-18648-5

Ⅰ. X835；X141

中国国家版本馆 CIP 数据核字第 2024JT2771 号

生态环境监测与环境地质

SHENGTAI HUANJING JIANCE YU HUANJING DIZHI

刘　侣　孙　阳　李光明　著

出 版 人	朱文迅
策划编辑	龚　璐
责任编辑	陈珊珊
装帧设计	青　青

出版发行	贵州出版集团　贵州人民出版社
地　　址	贵阳市观山湖区中天会展城会展东路SOHO公寓A座
印　　刷	河北文盛印刷有限公司
版　　次	2024 年 10 月第 1 版
印　　次	2025 年 1 月第 1 次印刷
开　　本	710 毫米 ×1000 毫米　1 / 16
印　　张	13.5
字　　数	300 千字
书　　号	ISBN 978-7-221-18648-5
定　　价	68.00 元

前言

随着中国经济的不断发展，人们对各类生态系统开发利用的规模和强度越来越大，对自然生态系统造成了深远影响，甚至造成了不可逆转的破坏，阻碍了生态系统及社会经济的可持续发展。近年来，国家在生态保护方面的努力和投入逐年加大，取得了积极成效，但生态环境整体恶化的趋势仍没有得到根本遏制，区域性、局部性生态环境问题依旧突出，生态服务功能退化，生态系统自我调控、自我恢复能力减弱，部分生态环境破坏严重的地区已经直接或间接地危害到人民群众的身心健康，并制约了经济和社会的发展。因此，必须从生态系统管理的角度开展生态环境监测工作，研究生态环境的自然变化及受到人为干扰后的变化规律，分析产生问题的自然事件或人为活动及过程，才能为区域生态环境保护和管理决策提供有力的技术支撑，有针对性地进行生态环境保护，不断提高生态文明水平。

地质环境是人类环境的重要组成部分，是指与人类的生存和发展有着紧密联系的地质条件。然而，随着理论的发展和人们对自然现象认识的不断深入，特别是环境科学的出现和环境保护呼声的日益强烈，地质灾害不再只是被视为一种不良的工程现象受到各界关注，而是成为与人类环境相联系的一大类问题。虽然各种现象产生的背景条件、发生的机理各不相同，但它们都从客观系统、环境科学的角度阐明了原理规律和演化过程。环境监测是监视、准确测定自然环境质量的重要手段，主要涉及特定性、监视性、研究性等方面的监测工作。在环境监测的指引下，人们可以及时了解环境质量及其污染程度，从而得出准确的环境变化数据，以便预测出未来环境污染的大致趋势和后果，并提出有效的环境保护措施。由此可见，在保护生态环境的过程中，环境监测起到了至关重要的作用。但伴随着环境保护的持续增强和环境监测专业技术的快速更新，我国需要积极采取发展措施，以进一步做好环境监测，更好地保护大自然，提高环境质量，促进全社会的可持续发展。

本书由刘侣、孙阳、李光明共同撰写，感谢巢吟佳、张兴盈、张免优丽、袁鹏、李朝阳参与本书的统筹工作。

本书主要围绕环境监测与环境地质展开分析，书中首先对水和废水监测、空气和废气监测、环境生物及生态监测进行了研究，让读者对生态环境监测有了具体了解；其次以生物修复为基础，结合各种修复方法，通过优化组合，对水生态、土壤及废弃矿区进行了修复研究；最后探索了常见的地质灾害、资源与环境利用等。本书突出了基本概念与基本原理，在写作时尝试多方面知识的融会贯通，注重知识层次的递进，同时注重理论与实践的结合。希望本书能够给从事相关行业的读者带来一些有益的参考和借鉴。

目 录

第一章　水和废水监测...01

　　第一节　水污染及监测基础...02

　　第二节　水中金属化合物的测定...08

　　第三节　水中非金属无机物的测定...18

　　第四节　水中有机污染物的测定...24

第二章　空气和废气监测...31

　　第一节　空气污染基础...32

　　第二节　颗粒物、气态与蒸气态污染物的测定.....................................36

　　第三节　降水、室内环境空气质量与污染源监测.................................47

第三章　环境生物及生态监测...53

　　第一节　生物监测基础...54

　　第二节　生物监测常用方法...58

　　第三节　生态监测...63

第四章　水生态系统修复...71

　　第一节　水生态保护与修复...72

　　第二节　湿地生态修复...80

　　第三节　海洋和海岸带生态系统修复...88

第五章　土壤污染生态修复...97

　　第一节　土壤污染生态学...98

第二节　重金属污染土壤修复 102

第三节　有机物污染土壤修复 107

第六章　废弃矿区修复 115

第一节　矿区废弃地的植被修复 116

第二节　废弃矿区的再生设计 125

第三节　生态矿山建设 135

第七章　地质作用与灾害 149

第一节　地壳的构成 150

第二节　板块构造 160

第三节　地　震 165

第四节　火　山 175

第五节　地表水 184

第八章　资源与环境 191

第一节　水资源与环境 192

第二节　土壤与环境 198

第三节　矿产资源与环境 202

参考文献 207

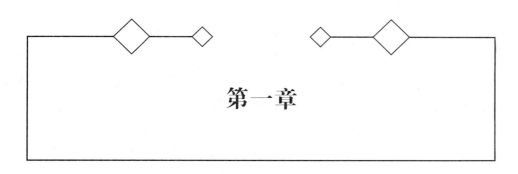

第一章

水和废水监测

第一节　水污染及监测基础

一、水污染及监测概述

（一）水体与水体污染

水体是指地表水、地下水及其包含的底质、水中生物等的总称。地表水包括海洋、江、河、湖泊、水库（渠）、沼泽、冰盖和冰川水；地下水包括潜水和承压水。地球上存在的总水量约为 $1.36 \times 10^{18} m^3$，其中，海水约占 97.3%、淡水约占 2.7%。大部分淡水存在于地球的南极和北极的冰川、冰盖及深层地下，而人类可利用的淡水资源总计不到淡水总量的 1%。水是人类赖以生存的主要物质之一，随着世界人口的不断增长和工农业生产的迅速发展，一方面用水量快速增加；另一方面污染防治不力，水体污染严重，使得淡水资源更加紧缺。我国属于贫水国家，人均占有淡水资源量仅约 $2300 m^3$，低于世界人均量。因此，加强水资源保护的任务十分迫切。

水体污染一般分为化学型、物理型和生物型污染三种类型。化学型污染是指随废水及其他废物排入水体的无机和有机污染物所造成的水体污染；物理型污染是指排入水体的有色物质、悬浮物、放射性物质及高于常温的物质造成的污染；生物型污染是指随生活污水、医院污水等排入水体的病原微生物造成的污染。水体是否被污染、污染程度如何，需要通过其所含污染物或相关参数的监测结果来判断。

（二）水质监测对象与目的

1. 水质监测对象

水质监测对象分为水环境质量监测和水污染源监测，水环境质量监测包括对地表水（江、河、湖、库、渠、海水）和地下水的监测；水污染源监测包括对工业废水、生活污水、医院污水等的监测。

2. 水质监测目的

水质监测目的是及时、准确和全面地反映水环境质量现状及发展趋势，为水环境的管理、规划和污染防治提供科学的依据。具体可概括为以下六个方面：

第一，对江、河、湖、库、渠、海水等地表水和地下水中的污染物进行经常性监测，掌握水质现状及其变化趋势。

第二，对生产和生活废水排放源排放的废水进行监视性监测，掌握废水排放量及其污染物浓度和排放总量，评价其是否符合排放标准，为污染源管理提供依据。

第三，对水环境污染事故进行应急监测，为分析判断事故原因、危害及制订对策提供依据。

第四，为国家政府部门制定水环境保护标准、法规和规划提供有关数据和资料。

第五，为开展水环境质量评价和预测、预报及进行环境科学研究提供基础数据和技术手段。

第六，对环境污染纠纷进行仲裁监测，为判断纠纷原因提供科学依据。

二、水质监测方案的制订

监测方案是监测任务的总体构思和设计，制订时首先必须明确监测目的，然后在调查研究的基础上确定监测对象，设计监测网点，合理安排采样时间和采样频率，选定采样方法和分析测定技术，提出监测报告要求，制订质量有保证的程序、措施和实施方案等。

（一）地表水质监测方案的制订

1. 资料的收集和实地调查

在制订监测方案前，尽可能全面地收集欲监测水体及其所在区域的相关资料，主要包括：

第一，水体的水文、气候、地质和地貌资料，如水位、水量、流速及流向的变化；降雨量、蒸发量及历史上的水情；河流的宽度、深度、河床结构及地质状况；湖泊沉积物的特性、间温层分布、等深线等。

第二，水体沿岸的城市分布、工业布局、污染源及其排污情况、城市给排水情况等。

第三，水体沿岸的资源现状和水资源的用途；饮用水源分布和重点水源保护区；水体流域的土地功能及其近期的使用计划等。

第四，历年的水质资料等。

第五，实地调查所监测水体，熟悉监测水域的环境，了解某些环境信息的变化。

2. 监测断面和采样点的设置

在对调查结果和有关资料进行综合分析的基础上，根据监测目的和监测项目，同时考虑人力、物力等因素，确定监测断面和采样点。

（1）监测断面的设置原则

在总体和宏观上反映水系或所在区域水环境质量状况，各断面的位置能反映所在区域环境的污染特征；尽可能以最少的断面获得足够有代表性的环境信息；同时考虑采样时的可行性和方便性，所设置的断面应包括：①废水流入口，工业区的上、下游；②湖泊、水库、河口的主要出、入口；③饮用水源区、水资源集中的水域、主要风景游览区、水上娱乐区及重大水利设施所在地等功能区；④主要支流汇入口；⑤河流、湖泊、水库代表性位置。

（2）河流监测断面的设置

对江、河水系或某一河段，要求设置四类断面，即背景断面、对照断面、控制断面和削减断面。

①背景断面：设在未受污染的清洁河段上，用于评价整个水系的污染程度。

②对照断面：为了解流入监测河段前的水体水质状况而设置。对照断面应设在河流进入城市或工业区之前的地方，避开各种废水、污水流入或回流处。一个河段一般只设一个对照断面，有主要支流时可酌情增加。

③控制断面：为评价、监测河段两岸污染源对水体水质的影响而设置。控制断面的数目应根据城市的工业布局和排污口的分布情况而定。断面的位置与废水排放口的距离应根据主要污染物的迁移、转化规律，河水流量和河道水力学特征确定，一般设在排污口下游500～1000m处。因为在排污口下游500m横断面上1/2宽度处重金属浓度一般出现高峰值。对特殊要求的地区，如水产资源区、风景游览区、自然保护区、与水源有关的地方病发病区、严重水土流失区及地球化学异常区等的河段上也应设置控制断面。

④削减断面：是指河流受纳废水和污水后，经稀释扩散和自净作用，使污染物浓度显著下降，其左、中、右三点浓度差异较小的断面，通常设在城市或工业区最后一个排污口下游1500m以外的河段上。水量小的小河流应视具体情况而定。

（3）湖泊、水库监测断面的设置

对不同类型的湖泊、水库应区别对待。根据湖泊、水库是单一水体还是复杂水体，考虑汇入湖泊、水库的河流数量，水体的径流量、季节变化及动态变化，沿岸污染源分布及污染物扩散与自净规律、生态环境特点等，在以下地段设置监测断面：

①在进出湖泊、水库的河流汇合处分别设置监测断面。

②以各功能区（如城市和工厂的排污口、饮用水源、风景游览区、排灌站等）为中心，在其辐射线上设置弧形监测断面。

③在湖泊、水库中心，深、浅水区，滞流区，不同鱼类的洄游产卵区，水生生物经济区等设置监测断面。

（4）采样点位的确定

设置监测断面后，应根据水面宽度确定断面上的采样垂线，再根据采样垂线的深度确定采样点的位置和数目。

对江、河水系的每个监测断面，当水面宽小于50m时，只设一条中泓线；水面宽50～100m时，在左右近岸有明显水流处各设一条垂线；水面宽为100～1000m时，设左、中、右三条垂线（中泓、左、右近岸有明显水流处）；水面宽大于1500m时，至少要设置 5 条等距离采样垂线；较宽的河口应酌情增加垂线数。

在一条垂线上，当水深小于或等于 5m 时，只在水面以下 0.3～0.5m 处设一个采样点；水深为 5～10m 时，在水面以下 0.3～0.5m 处和河底以上约 0.5m 处各设一个采样点；水深为 10～50m 时，设三个采样点，即水面以下 0.3～0.5m 处一点、河底以上约 0.5m 处一点、1 / 2 水深处一点；水深超过 50m 时，应酌情增加采样点数。

对湖泊、水库监测断面上采样点位置和数目的确定方法与河流相同。如果存在间温层，应先测定不同水深处的水温、溶解氧等参数，确定成层情况后再确定垂线上采样点的位置。

监测断面和采样点的位置确定后，其所在位置应该有固定而鲜明的岸边天然标志；如果没有天然标志物，则应设置人工标志物，如竖石柱、打木桩等；实在无法设置人工标志的，应采用 GPS 准确定位并记录，后续采样严格按 GPS 定位点进行。每次采样要严格以标志物为准，使采集的样品取自同一位置，以保证样品的代表性和可比性。

3. 采样时间和采样频率的确定

为使采集的水样具有代表性，能够反映水质在时间和空间上的变化规律，必须确定合理的采样时间和采样频率。一般原则是：

第一，对较大水系的干流和中、小河流全年采样不少于 6 次，采样时间为丰水期、枯水期和平水期，每期采样 2 次；流经城市工业区、污染较重的河流、游览水域、饮用水源地，全年采样不少于 12 次，采样时间为每月 1 次或视具体情况选定；底泥每年在枯水期采样一次。

第二，潮汐河流全年在丰水期、枯水期、平水期采样，每期采样 2 天，分别在大潮期和小潮期进行，每次应采集当天涨、退潮水样分别测定。

第三，排污渠每年采样不少于 3 次。

第四，设有专门监测站的湖泊、水库，每月采样 1 次，全年不少于 12 次；其他湖泊、水库全年采样 2 次，枯水期、丰水期各 1 次；有废水排入、污染较重的湖泊、水库，应酌情增加采样次数。

第五，背景断面每年采样 1 次。

4. 采样及监测技术的选择

须根据监测对象的性质、含量范围及测定要求等因素选择适宜的采样、监测方法和技术。

（二）地下水质监测方案的制订

储存在土壤和岩石空隙（孔隙、裂隙、溶隙）中的水统称地下水。相对于地表水而言，地下水流动性和水质参数的变化比较缓慢，地下水质监测方案的制订过程与地表水基本相同。

1. 调查研究和收集资料

第一，收集、汇总监测区域的水文、地质、气象等方面的有关资料和以往的监测资料，如地质图、剖面图、测绘图、水井的成套参数、含水层、地下水补给、径流和流向，以及温度、湿度、降水量等。

第二，调查监测区域内的城市发展、工业分布、资源开发和土地利用情况，尤其是地下工程规模应用等；了解化肥和农药的施用面积与施用量；查清污水灌溉、排污、纳污和地表水污染现状。

第三，测量或查知水位、水深，以确定采水器及泵的类型、所需费用和采样程序。

第四，在以上调查的基础上，确定主要污染源和污染物，并根据地区特点与地下水的主要类型把地下水分成若干水文地质单元。

2. 采样点的设置

目前，地下水监测以浅层地下水为主，应尽可能利用各水文地质单元中原有的水井，还可对深层地下水的各层水质进行监测。孔隙水以监测第四纪为主；基岩裂隙水以监测泉水为主。

（1）背景值监测点的设置

背景值监测点应设在污染区外围不受或少受污染的地方。新开发区应在引入污染源之前设置背景值监测点。

（2）监测井（点）的布设

监测井布点时，应考虑环境水文地质条件、地下水开采情况、污染物的分布和扩散形式，以及区域水的化学特征等因素。对工业区和重点污染源所在地的监测井（点）布设，主要根据污染物在地下水中的扩散形式确定。例如渗坑、渗井和堆渣区的污染物在含水层渗透性较大的地区易造成条带状污染，而含水层渗透小的地区易造成点状污染，前者监测井（点）应设在地下水流向的平行和垂直方向上，后者监测井（点）应设在距污染源最近的地方。沿河、渠排放的工业废水和生活污水因渗漏可能造成带状污染，宜用网状布点法设置监测井（点）。

一般监测井在液面下 0.3 ~ 0.5m 处采样。若有间温层或多含水层分布，可按具体情况分层采样。

3. 采样时间和采样频率的确定

第一，每年应在丰水期和枯水期分别采样监测；有条件的地方按地区特点分四季采样；

对长期观测点可按月采样监测。

第二，通常每一采样期至少采样监测 1 次；对饮用水源监测点，要求每一采样期采样监测 2 次，其间隔至少 10d；对有异常情况的监测井（点），应适当增加采样监测次数。

特别说明：为反映地表水与地下水的联系，地下水的采样频次与时间尽量与地表水一致。

（三）水污染源监测方案的制订

水污染源包括工业废水源、生活污水源、医院污水源等。在制订监测方案时，首先要进行调查研究，收集有关资料，查清用水情况、废水或污水的类型、主要污染物及排污去向和排放量，车间、工厂或地区的排污口数量及位置，废水处理情况，是否排入江、河、湖、海，流经区域是否有渗坑等；其次进行综合分析，确定监测项目、监测点位，选定采样时间和频率、采样和监测方法及技术，制订质量保证的程序、措施和实施计划等。

1. 采样点的设置

水污染源一般经管道或渠、沟排放，截面面积较小，无须设置断面，直接确定采样点位。

（1）工业废水

①在车间或车间设备废水排放口设置采样点监测第一类污染物，包括汞、镉、砷、铅的无机物，六价铬的无机物及有机氯化物和强致癌物质等。

②在工厂废水总排放口布设采样点监测第二类污染物，包括悬浮物，硫化物，挥发酚，氰化物，有机磷化合物，石油类，铜、锌、氟的无机物，硝基苯类，苯胺类等。

③已有废水处理设施的工厂，在处理设施的排放口布设采样点。为了解废水处理效果，可在进、出口位置分别设置采样点。

④在排污渠道上，采样点应设在渠道较直、水量稳定、上游无污水汇入的地方。

（2）生活污水和医院污水

采样点设在污水总排放口。对污水处理厂，应在进、出口位置分别设置采样点。

2. 采样时间和采样频率的确定

工业废水的污染物含量和排放量随工艺条件及开工率的不同而有很大差异，故采样时间、周期和频率的选择是一个较复杂的问题。一般情况下，可在一个生产周期内每隔 0.5h 或 1h 采样 1 次，将其混合后测定污染物的平均值。如果取几个生产周期（如 3 ~ 5 个周期）的废水样监测，可每隔 2h 采样 1 次。对于排污情况复杂、浓度变化大的废水，采样时间间隔要缩短，有时需 5 ~ 10min 采样 1 次（连续自动采样）；对于水质和水量变化比较稳定或排放规律性较好的废水，待找出污染物浓度的变化规律后，采样频率可大为降低，如每月采样测定 2 次。

城市排污管道大多数受纳较多工厂排放的废水，由于废水已在管道内混合，故在管道出水口可每隔 1h 采样 1 次，连续采集 8h，也可连续采集 24h，然后将其混合制成混合样，测定各个污染组分的平均浓度。

对向国家直接报送数据的废水排放源，我国水环境监测规范规定：工业废水每年采样监测 2 ~ 4 次；生活污水每年采样监测 2 次，春、夏季各 1 次；医院污水每年采样监测 4 次，每季度 1 次。

第二节　水中金属化合物的测定

一、概述

天然水体中普遍含有多种无机金属化合物，一般以金属离子形式存在于水中。水体中的金属离子有些是人体健康所必需的常量和微量元素，有些是有不利于人体健康的，如汞、镉、铬、铅、铜、镍、砷等对人体健康有很大的危害性，是金属污染监测的重点。

金属及其化合物的毒性大小与金属种类、理化性质、浓度及存在的形态有关。通常水中可溶性金属比悬浮固态金属更易被生物体吸收，其毒性也就更大；有些金属，如汞、铅等金属的有机物的毒性比相应的无机物强得多。因此，可根据具体情况分别测定可过滤金属、不可过滤金属及金属总量。

可过滤金属是指能通过 $0.45\mu m$ 微孔滤膜的部分；不可过滤金属是指不能通过 $0.45\mu m$ 微孔滤膜的部分；金属总量是不经过滤的水样经消解后所测得的金属含量，是可过滤和不可过滤金属量之和。在没有特别注明的情况下，通常水质标准中列出的值是指金属总量。

测定水体中的金属元素广泛采用分光光度法、原子吸收分光光度法、等离子体发射光谱法、极谱法、阳极溶出伏安法等，其中，分光光度法、原子吸收分光光度法是水质监测中测定金属最常用的方法。

二、硬度

水的硬度绝大部分是钙和镁造成的。水的硬度按阳离子可分为"钙硬度"和"镁硬度"，按相关的阴离子可分为"碳酸盐硬度"和"非碳酸盐硬度"。其中，碳酸盐硬度主要是指由与重碳酸盐结合的钙、镁所形成的硬度，因它们在煮沸时即分解生成白色沉淀物，可以从水中去除，因此又被称为"暂时硬度"；非碳酸盐硬度是由钙、镁与水中的硫酸根、氯离子和硝酸根等结合而形成的硬度，这部分硬度不会被加热去除，因而又被称为"永久硬度"。钙硬度和镁硬度之和称为总硬度，碳酸盐硬度和非碳酸盐硬度之和也称为总硬度。硬度一般以 $CaCO_3$ 计，以 mg／L 为单位。

对饮用水和生活用水而言，硬度过高的水虽然对健康并无害处，但口感不好且在日常生活使用中会消耗大量洗涤剂，因此，我国生活饮用水卫生标准将总硬度限定为不超过450mg／L（以 $CaCO_3$ 计）。工业上如锅炉、纺织、印染、造纸、食品加工，尤其是锅炉用水，对硬度要求较为严格。

硬度的测定方法主要有乙二胺四乙酸（EDTA）滴定法和原子吸收法。

（一）EDTA 滴定法（钙和镁的总量、总硬度）

水样在 pH 为 10 的条件下，用铬黑 T（EBT）做指示剂，用 EDTA 溶液络合滴定水样中的钙和镁离子。滴定中，游离的钙和镁离子首先与 EDTA 反应，与指示剂络合的钙和镁离子随后与 EDTA 反应，到达终点时溶液的颜色由紫色变为天蓝色。

EDTA 滴定法可以测定地下水和地表水中钙和镁的总量，不适用于含盐量高的水，如海水。本方法测定的最低浓度为 0.5mmol／L。

（二）原子吸收法

原子吸收法也称计算法，利用原子吸收法分别测定钙、镁离子的含量后计算出水样的总硬度。该方法简单、快速、灵敏、准确，干扰易于消除，具体是将试液喷入空气 – 乙炔火焰中，使钙、镁原子化，并选用 422.7nm 共振线的吸收值定量钙，用 285.2nm 共振线的吸收值定量镁。然后用公式计算总硬度（mg／L，以 $CaCO_3$ 计）：

总硬度 $=2.497[Ca^{2+}]+4.118[Mg^{2+}]$

原子吸收法测定钙、镁的主要干扰有铝、硫酸盐、磷酸盐、硅酸盐等，它们能抑制钙、镁的原子化从而产生干扰，可加入锶、镧或其他释放剂来消除干扰。火焰条件直接影响着测定灵敏度，必须选择合适的乙炔量和火焰观测高度。另外，还需要对背景吸收进行校正。

该方法适用于测定地下水、地表水及废水中的钙和镁。

三、汞、砷的监测

（一）汞的测定

汞及其化合物属于剧毒物质，可在体内蓄积，特别是有机汞化合物。天然水中含汞极少，一般不超过 0.1μg／L。我国饮用水标准限值为 0.001mg／L。水环境中汞的污染主要来源于仪表厂、食盐电解、贵金属冶炼、电池生产等行业排放的工业废水，汞是我国实施排放总量控制的指标之一。

汞的测定方法有冷原子吸收法、冷原子荧光法及二硫腙分光光度法。

1. 冷原子吸收法

水样经消解后，将各种形态的汞转变成二价汞，再用氯化亚锡将二价汞还原为单质汞，用载气将产生的汞蒸气带入测汞仪的吸收池中，汞原子蒸气对 253.7nm 的紫外光有选择性吸收，在一定浓度范围内吸光度与汞浓度成正比，与汞标准溶液的吸光度进行比较定量。

低压汞灯辐射 253.7nm 的紫外光，经紫外光滤光片射入吸收池，则部分被试样中还原释放出的汞蒸气吸收，剩余紫外光经石英透镜聚焦于光电倍增管上，产生的光电流经电子放大系统放大，送入指示表指示或记录仪记录。当指示表刻度用标准样校准后，可直接读出汞浓度。汞蒸气发生气路是抽气泵将载气（空气或氮气）抽入盛有经预处理的水样和氯化亚锡的还原瓶，在此产生汞蒸气并随载气经分子筛瓶除水蒸气后进入吸收池测其吸光度，然后经流量计、脱汞阱（吸收废气中的汞）排出。

该方法适用于各种水体中汞的测定，其检出限为 0.1 ~ 0.5μg／L。

2. 冷原子荧光法

水样经消解后，将各种形态的汞转变成二价汞，再用氯化亚锡将二价汞还原为基态汞原子，汞蒸气吸收 253.7nm 的紫外光后，被激发而产生特征共振荧光，在一定的测量条件下和较低的浓度范围内，荧光强度与汞浓度成正比。

与冷原子吸收测汞仪相比，不同之处在于冷原子吸收测汞仪是测定特征紫外光在吸收池中被汞蒸气吸收后的透射光强，而冷原子荧光测汞仪是测定吸收池中的汞原子蒸气吸收特征紫外光后被激发所发射的特征荧光（波长较紫外光长）强度，其光电倍增管必须放在与吸收池相垂直的方向上。

该方法检出限为 0.05μg／L，测定上限可达 1μg／L，且干扰因素少，适用于地表水、生活污水和工业废水的测定。

3. 二硫腙分光光度法

水样在酸性介质中于 95℃用高锰酸钾和过硫酸钾消解，将其中的无机汞和有机汞转变为二价汞。用盐酸羟胺还原过剩的氧化剂，加入二硫腙溶液，与汞离子生成橙色螯合物，用三氯甲烷或四氯化碳萃取，再用碱溶液洗去过量的二硫腙，于 485nm 波长处测定吸光度，以标准曲线法定量。

在酸性介质中测定，常见干扰物主要是铜离子，可在二硫腙洗脱液中加入 1%（m／V）EDTA 进行掩蔽。该方法对测定条件控制要求较严格，如加盐酸羟胺不能过量；试剂纯度要求高，特别是二硫腙，对提高二硫腙汞有色螯合物的稳定性和分析准确度极为重要；另外，形成的有色络合物对光敏感，要求避光或在半暗室里操作等。还应注意，因汞是极毒物质，对二硫腙的三氯甲烷萃取液，应加入硫酸破坏有色螯合物，并与其他杂质一起随水相分离后，加入氢氧化钠溶液中和至微碱性，再于搅拌下加入硫化钠溶液，使汞沉淀完全，沉淀物予以回收或进行其他处理。有机相除酸和水后蒸馏回收三氯甲烷。

该方法汞的检出限为 $2\mu g / L$，测定上限为 $40\mu g / L$，适用于工业废水和受汞污染的地表水的监测。

（二）砷的测定

元素砷毒性较低，但其化合物均有剧毒，三价砷化合物比其他砷化物毒性更强。砷化物容易在人体内积累，造成急性或慢性中毒。一般情况下，土壤、水、空气、植物和人体都含有微量的砷，对人体不构成危害。砷的污染主要来源于采矿、冶金、化工、化学制药、农药生产、玻璃、制革等工业废水。

测定水体中砷的方法有新银盐分光光度法、二乙氨基二硫代甲酸银分光光度法和原子吸收分光光度法等。

1. 新银盐分光光度法

该方法基于用硼氢化钾在酸性溶液中产生新生态氢，将水样中无机砷还原成砷化氢（AsH_3，砷）气体，以硝酸 – 硝酸银 – 聚乙烯醇 – 乙醇溶液吸收，则砷化氢将吸收液中的银离子还原成单质胶态银，使溶液呈黄色，其颜色强度与生成氢化物的量成正比。该黄色溶液对 400nm 光有最大吸收且吸收峰形对称。以空白吸收液为参比，测定其吸光度，用标准曲线法进行测定。

对于清洁的地下水和地表水，可直接取样进行测定；对于被污染的水，要用盐酸 – 硝酸 – 高氯酸消解。水样经调节 pH，加还原剂和掩蔽剂后移入反应管中测定。

水样体积为 250mL 时，该方法的检出限为 $0.4\mu g / L$，检测上限为 $0.012mg / L$。该方法适用于地表水和地下水痕量砷的测定，其最大优点是灵敏度高。

2. 二乙氨基二硫代甲酸银分光光度法

在碘化钾、酸性氯化亚锡的作用下，五价砷被还原为三价砷，并与新生态氢反应，生成气态砷化氢，被吸收于二乙氨基二硫代甲酸银（AgDDC）– 三乙醇胺的三氯甲烷溶液中，生成红色的胶体银，在 510nm 波长处以三氯甲烷为参比，测其经空白校正后的吸光度，用标准曲线法定量。

清洁水样可直接取样加硫酸后测定，含有机物的水样应用硝酸 – 硫酸消解。水样中共存锑、铋和硫化物时会干扰测定。加氯化亚锡和碘化钾可抑制锑、铋的干扰；硫化物可用乙酸铅棉吸收去除。砷化氢剧毒，整个反应须在通风橱内进行。

该方法砷的检出限为 $0.007mg / L$，测定上限为 $0.50mg / L$。

四、铝、镉、铬、铅、铜与锌的监测

（一）铝的测定

铝是自然界中的常量元素，毒性不大，但人体摄入过量时会干扰磷的代谢，对胃蛋白酶的活性起抑制作用。环境水体中的铝主要来自冶金、石油加工、造纸、罐头和耐火材料、木材加工、防腐剂生产、纺织等工业排放的废水。

铝的测定方法有电感耦合等离子体原子发射光谱法、间接火焰原子吸收光谱法和分光光度法等。分光光度法受共存组分铁及碱金属、碱土金属元素的干扰。

1. 电感耦合等离子体原子发射光谱法（ICP-AES 法）

（1）概述

电感耦合等离子体（ICP）的发展起源于原子发射光谱，原子发射光谱法（AES）是利用物质在热激发或电激发下，每种元素的原子或离子发射特征光谱来判断物质的组成，从而进行元素的定性与定量分析。原子发射光谱法可对约 70 种元素（金属元素及 P、Si、As、C、B 等非金属元素）进行分析。在一般情况下，用于 1% 以下含量的组分测定，检出限可达 ppm（1ppm=10–6），精密度为 ±10%，线性范围约 2 个数量级。

原子发射光谱法是根据处于激发态的待测元素原子回到基态时发射的特征谱线对待测元素进行分析的方法。在正常状态下，原子处于基态，原子在受到热（火焰）或电（电火花）激发时，由基态跃迁到激发态，返回基态时，发射出特征光谱（线状光谱）。原子发射光谱法包括三个主要的过程：①由光源提供能量使样品蒸发，形成气态原子，并进一步使气态原子激发而产生光辐射；②将光源发出的复合光经单色器分解成按波长顺序排列的谱线，形成光谱；③用检测器检测光谱中谱线的波长和强度。

由于待测元素原子的能级结构不同，因此发射谱线的特征不同，据此可对样品进行定性分析；而根据待测元素原子的浓度不同，因此发射强度不同，可实现元素的定量测定。

原子发射光谱仪主要由光源、单色器、检测器和读数器件组成。早期的光源主要有直流电弧、交流电弧与电火花，这些光源基本上都是对固体样品直接作用，用于矿物、合金等样品分析，难以对痕量元素特别是液体样品进行分析。而后来的原子吸收分光光度法的发展直接限制了传统的原子发射光谱法的应用。而等离子体（plasma）原子发射光谱的产生与应用使得原子发射光谱法获得新生。

等离子体原子发射光谱法从 20 世纪 60 年代产生并发展出一类新型发射光谱分析光源，其主要类型有直流等离子体喷焰（DCP）、微波诱导等离子体炬（MIP）、电感耦合等离子体炬（ICP），其中尤以电感耦合等离子体因其突出的优点而在发射光谱分析中得到广泛应用。以电感耦合等离子体为光源的原子发射光谱法称为电感耦合等离子体原子发射光谱法，简称 ICP-AES。

（2）ICP 的基本原理与分析性能

①基本原理

元素在受到 ICP 光源激发时，由基态跃迁到激发态，返回基态时，发射出特征光谱，依据特征光谱进行定性、定量的分析方法。

ICP-AES 的三个主要过程：ICP 光源使得样品蒸发、原子化、原子激发并产生光辐射；通过分光系统进行分光，形成按波长顺序排列的光谱；最后通过检测器检测光谱中谱线的波长和强度。

ICP 光源是指高频电磁通过电能（感应线圈）耦合到等离子体所得到的外观上类似火焰的高频放电光源。而等离子体是一种电离度大于 0.1% 的电离气体，由电子、离子、原子和分子组成，整体呈现电中性。

②分析性能

A. 蒸发、原子化和激发能力强。

ICP-AES 在轴向通道气体温度高达 7000 ～ 8000K，具有较高的电子密度和激发态氩原子密度，同时在等离子体中样品的停留时间较长，这两者的结合结果使得即使难熔难挥发样品粒子，也可进行充分的挥发和原子化，并能得到有效的激发。

B. 元素的检出限低。

在光谱分析中，检出限表征了能以适当的置信水平检测出某元素所必需的最小浓度。ICP-AES 有较低的检出限，大多数元素的检出限为 0.1 ～ 100μg/L，碱土元素的检出限均小于 109 数量级。

C. 分析准确度和精密度高。

准确度是对各种干扰效应所引起的系统误差的度量，ICP-AES 是各种分析方法中干扰较小较轻的一种，准确度较高，相对误差一般在 10% 以下。精密度主要反映随机误差影响的大小，通常用相对标准偏差表示。在一般情况下，相对标准偏差 < 10%，当分析物浓度 > 100 倍检出限时，相对标准偏差 < 1%。

D. 线性分析范围宽。

ICP-AES 的线性分析范围一般可达 5 ～ 6 个数量级，因而可以用一条标准曲线分析某一元素从痕量到较高浓度的环境样品，从而使分析操作十分方便。

E. 干扰效应小。

在 Ar-ICP 光源中，分析物在高温和氩气 (Ar) 气氛中进行原子化、激发，基体干扰小。在一定条件下，可以减少参比样品需严格匹配的麻烦，一般可不用内标法。甚至配制一系列混合标准溶液，可以分析不同基体合金的元素。A-ICP 光源电离干扰小，即使分析样品中存在容易电离的元素，参比样品也不用匹配含有该元素的成分。

F. 同时或顺序测定多元素能力强。

同时分析多元素能力是发射光谱法的共同特点，非 ICP–AES 所特有。但是经典法因样品组成影响较严重，欲对样品中多种成分进行同时测量，参比样品的匹配和参比元素的选择都会遇到困难；同时由于分馏效应和预燃效应，造成谱线强度 – 时间分布曲线的变化，无法进行。

顺序多元素分析。ICP–AES 具有低干扰和时间分布的高度稳定性及宽的线性分析范围，因而可以方便的同时或顺序进行多元素测定。

总体而言，ICP–AES 的优点：①可多元素同时检测；②分析速度快；③选择性高；④检出限较低；⑤准确度较高；⑥性能优越。缺点：非金属元素不能检测或灵敏度低。

2. 间接火焰原子吸收光谱法

在 pH 值为 4 ~ 5 的乙酸 – 乙酸钠缓冲溶液中及有 α – 吡啶基 –β 偶氮奈酚（PAN）存在的条件下，Al^{3+} 与 Cu（Ⅱ）–EDTA 发生定量交换反应，其反应式为：

$$Cu（Ⅱ）–EDTA+PAN+Al（Ⅲ）\longrightarrow Cu（Ⅱ）–PAN+Al（Ⅲ）–EDTA$$

生成物 Cu（Ⅱ）–PAN 可被三氯甲烷萃取，分离后，将水相喷入原子吸收分光光度计的空气 – 乙炔贫燃焰中，测定剩余的铜，从而间接测定铝元素的含量。

该方法测定质量浓度范围为 0.1 ~ 0.8mg ／ L，可用于地表水、地下水、饮用水及污染较轻的废（污）水中铝的测定。

（二）镉的测定

镉具有很强的毒性，它可在人体的肝、肾等组织中积累，造成脏器组织损伤，尤以对肾的损害最为明显；还会导致骨质疏松，诱发癌症。绝大多数淡水中含镉量低于 1μg ／ L，海水中镉的平均浓度为 0.15μg ／ L。镉的污染主要来源于电镀、采矿、冶炼、颜料、电池等工业排放的废水。

测定镉的主要方法有原子吸收光谱法、二硫腙分光光度法、阳极溶出伏安法和电感耦合等离子体原子发射光谱法。

1. 原子吸收光谱法

原子吸收光谱法测定样品中镉也可以采用标准曲线法定量，从标准曲线查得样品溶液的浓度。使用该方法时应注意：配制的标准溶液浓度应在吸光度与浓度呈线性关系的范围内；整个分析过程中操作条件应保持不变。

2. 二硫腙分光光度法

在强碱性介质中，镉离子与二硫腙反应，生成红色螯合物（反应式与汞离子相同），用三氯甲烷萃取分离后，于 518nm 处测定其吸光度，用标准曲线法定量。该方法测定镉的质量浓度范围为 1～60μg／L，适用于受镉污染的地表水和废水中镉的测定。

3. 阳极溶出伏安法测定镉（铜、铅、锌）

阳极溶出伏安法灵敏度较高，可同时测定几种重金属。用于测定饮用水、地表水和地下水中的镉、铜、铅、锌，适用质量浓度范围为 1～1000μg／L，当富集 5min 时，测定下限可达 0.5μg／L。

（三）铬的测定

铬的常见价态有三价和六价。在水体中，六价铬一般以 CrO_2、HCr_2O_7、Cr_2O_5 三种阴离子形式存在；受水体 pH、温度、氧化还原性物质、有机物等因素影响，三价铬和六价铬化合物可以相互转化。

铬是生物体所必需的微量元素之一。铬的毒性与其存在价态有关，六价铬具有强毒性，为致癌物质且易被人体吸收并在体内积累。通常认为，六价铬的毒性比三价铬的毒性大 100 倍，但是对于鱼类来说，三价铬化合物的毒性比六价铬大。六价铬是我国实施总量控制的指标之一。当水中六价铬的质量浓度达 1mg／L 时，水呈黄色并有涩味；三价铬的质量浓度达 1mg／L 时，水的浊度明显增加。铬的工业污染来源主要有铬矿石加工、金属表面处理、皮革鞣制、印染等行业的废水。

水中铬的测定方法主要有二苯碳酰二肼分光光度法、火焰原子吸收光谱法、电感耦合等离子体原子发射光谱法和硫酸亚铁铵滴定法。分光光度法是我国与其他国家普遍采用的标准方法，滴定法适用于含铬量较高的水样。

1. 二苯碳酰二肼分光光度法

（1）六价铬的测定

对于清洁的水样可直接测定；对于色度不大的水样，可用以丙酮代替显色剂的空白水样做参比测定；对于浑浊、色度较深的水样，以氢氧化锌做共沉淀剂，调节溶液 pH 至 8～9，此时 Cr^{3+}、Fe^{3+}、Cu^{2+} 均形成氢氧化物沉淀可过滤除去，与水样中 Cr（Ⅵ）分离；存在亚硫酸盐、二价铁离子等还原性物质和次氯酸盐等氧化性物质时，也应采取相应的消除干扰措施。该方法检出限为 0.004mg／L。

（2）总铬的测定

在酸性溶液中，首先用高锰酸钾将水样中的三价铬氧化为六价铬，过量的高锰酸钾用亚硝酸钠分解，过量的亚硝酸钠用尿素分解；然后加入二苯碳酰二肼显色，于 540nm 波长处用分光光度法测定。该方法检出限同六价铬。

清洁地表水可直接用高锰酸钾氧化后测定；而水样中含大量有机物时，要使用硝酸－硫酸消解后测定。

2. 火焰原子吸收光谱法测定总铬

该方法测定原理是将经消解处理的水样喷入空气－乙炔富燃（黄色）火焰，铬的化合物被原子化，于 357.9nm 波长处测定其吸光度，用标准曲线法进行定量。该方法最佳测定范围为 0.1 ~ 5mg／L，适用于地表水和废水中总铬含量的测定。

共存元素、火焰状态和观测高度对测定的影响较大，要注意保持仪器工作条件的稳定性。铬的化合物在火焰中易生成难以熔融和原子化的氧化物，可在样品溶液中加入适当的助熔剂和干扰元素的抑制剂，如加入 NH_4Cl 可增加火焰中的氯离子，使铬生成易于挥发和原子化的氯化物；NH_4Cl 还能抑制 Fe、Co、Ni、V、Al、Pb、Mg 的干扰。

3. 硫酸亚铁铵滴定法

对于总铬质量浓度大于 1mg／L 的废水，可选用硫酸亚铁胺滴定法。其原理是在酸性介质中，以银盐作为催化剂，用过硫酸铵将三价铬氧化成六价铬；加入少量氯化钠并煮沸，除去过量的过硫酸铵和反应中产生的氯气；用苯基代邻氨基苯甲酸作为指示剂，用硫酸亚铁铵标准溶液滴定至溶液呈亮绿色。

（四）铅的测定

铅是可在人体和动、植物体中积累的有毒金属，其主要毒性效应是导致贫血、神经机能失调和肾损伤等。铅对水生生物的安全质量浓度为 0.16mg／L。铅的主要污染源是蓄电池、冶炼、五金、机械、涂料和电镀等工业部门排放的废水。铅是我国实施排放总量控制的指标之一。

水样中铅的测定方法主要有原子吸收光谱法、二硫腙分光光度法、阳极溶出伏安法、示波极谱分析法和电感耦合等离子体原子发射光谱法等。原子吸收光谱法主要用于低浓度铅的测定；对于含铅量较高的废水，为避免大量稀释产生的误差，可使用二硫腙分光光度法测定。

二硫腙分光光度法测定是基于在 pH 为 8.5 ~ 9.5 的氨性柠檬酸盐－氰化物还原介质中，铅与二硫腙反应生成红色螯合物，用三氯甲烷（或四氯化碳）萃取后，于 510nm 波长处测定吸光度。

为了获得准确的测定结果，测定中首先要注意器皿、试剂及去离子水是否含痕量铅；其次，溶液中存在的 Bi^+、Sn^{2+} 等会干扰测定，可预先在 pH 值为 2 ~ 3 的条件下用二硫腙的三氯甲烷溶液萃取分离；另外，为防止二硫腙被一些氧化性物质如 Fe^{3+} 等氧化，须在氨性介质中加入盐酸羟胺。

该方法适用于地表水和废水中痕量铅的测定。当使用 10mm 比色皿，取水样 100mL，用 10mL 二硫腙的三氯甲烷溶液萃取时，检出限为 0.01mg／L，测定上限为 0.3mg／L。

原子吸收光谱法、阳极溶出伏安法测定铅参见镉的测定，ICP-AES 法测定铅参见铝的测定。

（五）铜的测定

铜是人体所必需的微量元素，缺铜会发生贫血、腹泻等病症，但过量摄入铜也会产生危害。铜对水生生物的危害较大，其毒性大小与形态有关。铜的主要污染源是电镀、五金加工、矿山开采、石油化工和化学工业等部门排放的废水。

测定水中铜的方法主要有原子吸收光谱法、二乙氨基二硫代甲酸钠分光光度法和新亚铜灵萃取分光光度法，还可以用阳极溶出伏安法、示波极谱分析法、ICP-AES 法等。

（六）锌的测定

锌是人体必不可少的有益元素，每升水含数毫克锌对人体和温血动物无害，但对鱼类和其他水生生物影响较大。锌对鱼类的安全浓度为 0.1mg／L。锌对水体的自净过程有一定抑制作用。锌的主要污染源是电镀、冶金、颜料及化学化工等工业部门排放的废水。

锌的测定方法有原子吸收光谱法、分光光度法、阳极溶出伏安法或示波极谱分析法、ICP-AES 法。其中原子吸收光谱法测定锌，灵敏度较高、干扰少，适用于各种水体。对于锌含量较高的废（污）水，为了避免高倍稀释引起的误差，可选用二硫腙分光光度法；对于高含盐量的废水和海水中微量锌的测定，可选用阳极溶出伏安法或示波极谱分析法。

二硫腙分光光度法的原理为：在 pH 值为 4～5 的乙酸盐缓冲溶液中，锌离子与二硫腙反应生成红色螯合物，用三氯甲烷或四氯化碳萃取后，于其最大吸收波长 535nm 处，以四氯化碳做参比，测其经空白校正后的吸光度，用标准曲线法定量。

水中存在的少量铋、镉、钴、铜、汞、镍、亚锡等离子均产生干扰，可采用硫代硫酸钠掩蔽和控制溶液 pH 来消除。三价铁、余氯和其他氧化剂会使二硫腙变成棕黄色。由于锌普遍存在于环境中，与二硫腙反应又非常灵敏，因此需要特别注意防止污染。

当使用 20mm 比色皿，取水样 100mL 时，锌的检出限为 0.005mg／L。该方法适用于天然水体轻度污染的地表水中锌的测定。

第三节　水中非金属无机物的测定

一、酸碱性质

（一）水的酸度

水的酸度是指水中所含能与强碱发生中和作用的物质的总量，包括无机酸、有机酸、强酸弱碱盐等。地表水溶入二氧化碳或被机械、选矿、电镀、农药、印染化工等行业排放的含酸废水污染，使水体的 pH 降低，破坏水生生物和农作物的正常生活及生长条件，造成鱼类死亡、农作物受害。所以，酸度是衡量水体水质的一项重要指标。测定酸度的方法有酸碱指示剂滴定法和电位滴定法。

1. 酸碱指示剂滴定法

用标准氢氧化钠溶液滴定水样至一定 pH，根据其所消耗的氢氧化钠溶液量计算其酸度。根据所用指示剂不同，酸度通常分为两种：一种是用酚酞做指示剂，用氢氧化钠溶液滴定 pH 值为 8.3，测得的酸度称为总酸度（也称酚酞酸度），包括强酸和弱酸；另一种是用甲基橙做指示剂，用氢氧化钠溶液滴定 pH 值为 3.7，测得的酸度称为强酸酸度或甲基橙酸度。酸度单位为 mg / L（以 $CaCO_3$ 或 CaO 计）。

2. 电位滴定法

以 pH 玻璃电极为指示电极、饱和甘汞电极为参比电极，与被测水样组成原电池并接入 pH 计，用氢氧化钠标准溶液滴至 pH 计指示 3.7 和 8.3，据其相应消耗的氢氧化钠标准溶液的体积，分别计算两种酸度。

本方法适用于各种水体酸度的测定，不受水样有色、浑浊的限制。测定时应注意温度、搅拌状态、响应时间等因素的影响。

（二）水的碱度

水的碱度是指水中所含能与强酸发生中和作用的物质总量，包括强碱、弱碱、强碱弱酸盐等。天然水中的碱度主要是重碳酸盐、碳酸盐和氢氧化物造成的，其中，重碳酸盐是水中碱度的主要形式。引起碱度的污染源主要是造纸、印染、化工、电镀等行业排放的废水及洗涤剂、化肥和农药在使用过程中的流失。在藻类繁盛的地表水中，藻类吸收游离态和化合态的二氧化碳，使碱度增大。

碱度和酸度是判断水质和废（污）水处理控制的重要指标。碱度也常被用于评价水体的缓冲能力及金属化合物的溶解性和毒性等。

测定水样碱度的方法和测定酸度一样，有酸碱指示剂滴定法和电位滴定法。前者是用酸碱指示剂的颜色变化指示滴定终点，后者是用滴定过程中 pH 的变化指示滴定终点。

水样用标准酸溶液滴定至酚酞指示剂由红色变为无色（pH 为 8.3）时，所测得的碱度称为酚酞碱度，此时 OH 已被中和，CO_3 被中和为 HCO_3；当继续滴定至甲基橙指示剂由橘黄色变为橘红色（pH 约为 4.4）时，测得的碱度称为甲基橙碱度，此时水中的 HCO_3 也已被中和完全，即全部致碱物质都已被强酸中和，故又称其为总碱度。

（三）pH

pH 是最常用的水质指标之一。天然水的 pH 多为 6～9；饮用水的 pH 要求在 6.5～8.5；工业用水的 pH 必须保持在 7.0～8.5，pH 过高或过低，都可能对金属设备和管道产生腐蚀。此外，pH 在废（污）水生化处理、评价有毒物质的毒性等方面也具有指导意义。

pH 和酸度、碱度既有联系又有区别。pH 表示水的酸碱性强弱，而酸度或碱度是水中所含酸性或碱性物质的含量。同样酸度的溶液，如 1L0.1mol／L 盐酸和 0.1mol／L 乙酸，二者的酸度都是 5000mg／L（以 $CaCO_3$ 计），但其 pH 却大不相同。盐酸是强酸，在水中几乎完全解离，pH 为 1；而乙酸是弱酸，在水中的解离度只有 1.3%，其 pH 为 2.9。

测定 pH 的方法有比色法和玻璃电极法（电位法），还有在玻璃电极法的基础上发展起来的差分电极法。

1. 比色法

比色法基于各种酸碱指示剂在不同 pH 水溶液中显示不同的颜色，而每种指示剂都有一定的变色范围。将一系列已知 pH 的缓冲溶液加入适当的指示剂制成 pH 标准色液并封装在小安瓿瓶内，测定时取与缓冲溶液等量的水样，加入与 pH 标准色液相同的指示剂，然后进行比较，确定水样的 pH。

比色法不适用于有色、浑浊和含较高浓度的游离氯、氧化剂、还原剂的水样。如果粗略地测定水样 pH，可使用 pH 试纸。

2. 玻璃电极法

玻璃电极法测定 pH 是以 pH 玻璃电极为指示电极，饱和甘汞电极或银－氯化银电极为参比电极，将二者与被测溶液组成原电池，测定其电动势，一般 pH 计已通过内部电路设计转换，自动获得 pH。

在实际工作中，为了准确测定 pH，往往需要 pH 标准溶液，通过其校正 pH 计，从而获得被测水样的 pH。

温度对 pH 测定有影响，为了消除其影响，pH 计上都设有温度补偿装置。为简化操作，方便使用和适合现场使用，现已广泛使用将玻璃电极和参比电极结合于一体的复合 pH 电极，并制成多种袖珍型和笔型 pH 计。

玻璃电极法测定准确、快速，受水体色度、浊度、胶体物质、氧化剂、还原剂及含盐量等因素的干扰程度小。但电极膜很薄，容易受损。

二、溶解氧

溶解于水中的分子态氧称为溶解氧（Dissolved Oxygen，DO）。水中溶解氧的含量与大气压、水温及含盐量等因素有关。大气压下降、水温升高、含盐量增加，都会导致溶解氧含量降低。清洁地表水溶解氧含量接近饱和。当有大量藻类繁殖时，溶解氧可过饱和。当水体受有机物、无机还原性物质污染时，溶解氧含量降低，甚至趋于零，此时厌氧微生物繁殖活跃，水质恶化。水中溶解氧低于 3 ～ 4mg／L 时，许多鱼类呼吸困难；继续减少，则会窒息死亡。一般规定水体中的溶解氧至少在 4mg／L 以上。在废（污）水生化处理过程中，溶解氧也是一项重要的控制指标。

测定水中溶解氧的方法有碘量法、修正的碘量法、氧电极法、荧光光谱法等。清洁水可用碘量法，受污染的地表水和工业废水必须用修正的碘量法或氧电极法。

（一）碘量法

在水样中加入硫酸锰溶液和碱性碘化钾溶液，水中的溶解氧将二价锰离子氧化生成氢氧化锰，氢氧化锰进一步被氧化并生成氢氧化物沉淀。加酸后，沉淀溶解，四价锰氧化碘离子而释放出与溶解氧量相当的游离碘。以淀粉为指示剂，用硫代硫酸钠标准溶液滴定释放出的碘，可计算出溶解氧的含量。

水中含有其他氧化性物质、还原性物质及有机物时，会干扰测定，应预先消除并根据不同的干扰物质采用修正的碘量法测定溶解氧。

（二）修正的碘量法

1. 叠氮化钠修正法

亚硝酸盐主要存在于经生化处理的废（污）水和河水中，它能与碘化钾反应释放出游离碘而产生干扰，使结果偏高，即：

$$2H^+ + 2NO_2^- + 2KI + H_2SO_4 = K_2SO_4 + 2H_2O + N_2O_2 + I_2$$

当水样和空气接触时，新溶入的氧分子将与生成的 N_2O_2 作用，再形成亚硝酸盐：

$$2N_2O_2 + 2H_2O + O_2 = 4H^+ + 4NO_2$$

如此循环，不断地释放出碘，将会引入相当大的误差。

当水样中含有亚硝酸盐，可用叠氮化钠将亚硝酸盐分解后再用碘量法测定。分解亚硝酸盐的反应式为：

$$2NaN_3+H_2SO_4=2HN_3+Na_2SO_4$$
$$H^++NO_2^-+HN_3=N_2O+N_2+H_2O$$

当水样中三价铁离子含量较高时会干扰测定，可加入氟化钾或用磷酸代替硫酸酸化来消除。

2. 高锰酸钾修正法

该方法适用于亚铁盐含量高的水样，可利用高锰酸钾在酸性介质中的强氧化性，将亚铁盐、亚硝酸盐及有机物氧化，消除干扰。过量的高锰酸钾用草酸钠溶液除去，生成的高价铁离子用氟化钾掩蔽，生成的硝酸盐不干扰测定，其他同碘量法。

（三）氧电极法

广泛应用于测定溶解氧的电极是聚四氟乙烯薄膜电极。根据其工作原理可分为极谱型、原电池型两种。极谱型氧电极的结构由黄金阴极、银－氯化银阳极、聚四氟乙烯薄膜、壳体等组成。电极腔内充入氯化钾溶液，聚四氟乙烯薄膜将内电解液和被测水样隔开，溶解氧通过薄膜渗透扩散。当两极间加上 0.5 ~ 0.8V 极化电压时，水样中的溶解氧扩散通过薄膜，并在黄金阴极上还原，产生与氧浓度成正比的扩散电流。

氧电极法适用于地表水、地下水、生活污水、工业废水和盐水中溶解氧的测定，不受色度、浊度等影响，快速简便，可用于现场和连续自动测定。但水样中的氯、二氧化硫、硫化氢、氨、溴、碘等可通过薄膜扩散，干扰测定；含藻类、硫化物、碳酸盐、油等物质时，会使薄膜堵塞或损坏，应及时更换薄膜。

三、含氮化合物

水中含氮化合物是水生植物生长所必需的养分，但当水体（特别是流动缓慢的湖泊、水库、海域等）含氮及其他营养物质过多时，将促使藻类等浮游生物大量繁殖，发生富营养化现象，导致水质恶化。

人们关注的水中几种形态的氮是氨氮、亚硝酸盐氮、硝酸盐氮、有机氮和总氮。水质分析中，分别测定各种形态的含氮化合物，有助于评价水体受污染情况和水体自净状况。当水中含有大量有机氮和氨氮时，表示水体近期受到污染；当水中含氮化合物主要以硝酸盐存在时，表明水体受污染已有较长时间，且水体自净过程已基本完成。

（一）氨氮

水中氨氮主要来源于生活污水中含氮有机物的分解产物及焦化、合成氨等工业废水和农田排水等。氨氮含量较高时，对鱼类呈现毒害作用，对人体也有不同程度的危害。

测定水中氨氮的方法有纳氏试剂比色法、水杨酸－次氯酸盐分光光度法、蒸馏－中和滴定法、气相分子吸收光谱法和电极法。其中，分光光度法灵敏度高、稳定性好。但水样有色、浑浊及含其他干扰物质时均影响测定，需进行相应的预处理，电极法无须对水样进行预处理，但电极寿命短、重现性较差。

1. 纳氏试剂比色法

在水样中加入碘化汞和碘化钾的强碱溶液（纳氏试剂），与氨反应生成黄棕色胶态化合物，该物质在较宽的波长范围内具有强烈吸收，通常使用 410 ~ 425nm 范围波长进行吸光度测定。

当水样中含有悬浮物、余氯、有机物、硫化物和钙、镁等金属离子时，会产生干扰。含有此类物质时，要做适当的预处理，以消除其对测定的影响。对污染较严重的水样，可用蒸馏法。蒸馏法是取一定体积已调至中性的水样，用磷酸盐缓冲溶液调节 pH 为 7.4，加热蒸馏，NH_3 及 NH_4^+ 以气态 NH_3 形式蒸出，用稀 H_2SO_4 或 H_3BO_3 溶液吸收。

2. 水杨酸－次氯酸盐分光光度法

在亚硝基铁氰化钠的存在下，氨与次氯酸反应生成氯胺，氯胺与水杨酸反应生成氨基水杨酸，氨基水杨酸进一步氧化，缩合为靛酚蓝，在该蓝色化合物的最大吸收波长 697nm 处进行吸光度测定。

该法灵敏度比纳氏试剂比色法更高，检出限为 0.01mg／L，测定上限为 1mg／L，适用于饮用水、地表水、生活污水和大部分工业废水中氨氮的测定。

3. 电极法

电极法测定氨氮是利用氨气敏复合电极直接进行测定。氨气敏电极是一种复合电极，它以平板型 pH 玻璃电极为指示电极，银－氯化银电极为参比电极，内充液为 0.1mol／L 的氯化铵溶液。将此电极对置于盛有内充液的塑料套管中，在管端 pH 电极敏感膜紧贴一疏水半渗透薄膜（如聚四氟乙烯薄膜），使内充液与外部被测液隔开，并在 pH 电极敏感膜与半透膜间形成一层很薄的液膜。

该方法不受水样色度和浊度的影响，不必进行预蒸馏；检出限为 0.03mg／L，测定上限可达 1400mg／L，特别适用水中氨氮的实时在线监测。

（二）亚硝酸盐氮

亚硝酸盐氮是以 NO_2^- 形式存在的含氮化合物，是水中氮循环的中间产物，在有氧条件下，NO_2^- 易被氧化为 NO_3^-，在缺氧的条件下，易被还原为氨。亚硝酸盐可将体内运输氧的低铁血红蛋白氧化成高铁血红蛋白而失去运输氧的功能，导致组织出现缺氧的症状；还可与仲胺类化合物反应生成具有较强致癌性的亚硝胺类物质。亚硝酸盐在水中很不稳定，一般天然水中亚硝酸盐氮的含量不会超过 0.1mg／L。

（三）硝酸盐氮

水中硝酸盐是有氧环境中最稳定的含氮化合物，也是含氮有机化合物经无机化作用最终阶段的分解产物。清洁的地表水中硝酸盐氮含量较低，受污染水体和一些深层地下水中硝酸盐氮含量较高。人体摄入硝酸盐后，经肠道中微生物作用转变成亚硝酸盐而呈现毒性作用。水中硝酸盐的测定方法有酚二磺酸分光光度法、离子色谱法、镉柱还原法、戴氏合金还原法、紫外分光光度法、气相分子吸收光谱法和离子选电极法等。

1. 酚二磺酸分光光度法

硝酸盐在无水存在情况下与酚二磺酸反应，生成硝基二磺酸酚，于碱性溶液中转化为黄色的硝基酚二磺酸三钾盐，于 410nm 处进行比色测定。

当水中含氯化物、亚硝酸盐、铵盐、有机物和碳酸盐时，会产生干扰，应做适当的预处理。加入硝酸银使之生成 AgCl 沉淀，过滤除去，消除氯化物的干扰；当 $NO_2^- > 0.2mg／L$ 时滴加 $KMnO_4$ 溶液，使 NO_2^- 转化为 NO_3，然后从测定结果中扣除 NO_2 的量即可；水样浑浊、有色时，可加少量氢氧化铝悬浮液吸附、过滤去除。

该法测量范围广、显色稳定，适用于测定饮用水、地下水、清洁地表水中的硝酸盐氮，检出限为 0.02mg／L，测定上限为 2mg／L。

2. 镉柱还原法

在一定条件下，将水样通过镉还原柱，使硝酸盐还原为亚硝酸盐，然后用 N-（1-萘基）-乙二胺分光光度法测定。由测得的总亚硝酸盐氮减去不经还原水样所测含亚硝酸盐氮即为硝酸盐氮含量。

此法适用于测定硝酸盐氮含量较低的饮用水、清洁地表水和地下水，测定范围为 0.01 ～ 0.4mg／L。

3. 戴氏合金还原法

水样在热碱性介质中，硝酸盐被戴氏合金（含 50%Cu、45%AL、5%Zn）还原为氨，经蒸馏，馏出液以硼酸溶液吸收后，含量较低时，用纳氏试剂比色法测定；含量较高时，用酸碱滴定法测定。

该法操作较烦琐，适用于测定硝酸盐氮大于 2mg／L 的水样。其最大优点是可以测定污染严重、颜色较深水样及含大量有机物或无机盐的废水中的硝酸盐氮。

4. 紫外分光光度法

该法利用硝酸根离子在 220nm 波长处的吸收而定量测定硝酸盐氮。水样预处理后，先在 220nm 处测定吸光度，得到 A_{220}，此时包括溶解的有机物和硝酸盐在 220nm 处的吸收。再在波长 275nm 处测定吸光度，得到 A_{275}，在 275nm 处有机物有吸收而硝酸根离子没有吸收。因此，根据两个波长处的测定结果，一般引入一个经验校正值，进行定量。该校正值为在 220nm 处的吸光度减去在 275nm 处测得吸光度的 2 倍，以扣除有机物的干扰。

该法简便快速，但对含有机物、表面活性剂、亚硝酸盐、六价铬、溴化物、碳酸氢盐和碳酸盐的水样，须进行适当的预处理。可采用絮凝共沉淀和大孔中性吸附树脂进行处理，以排除水样中大部分常见有机物、浊度和三价铁、六价铬等对测定的干扰。

该法适用于地表水、地下水中硝酸盐氮的测定，检出限为 0.08mg／L，测定下限为 0.32mg／L，测定上限为 4mg／L。

5. 气相分子吸收光谱法

在 2.5mol／L 盐酸介质中，于（70±2）℃下三氯化钛可将硝酸盐迅速还原分解，生成的一氧化氮用空气载入气相分子吸收光谱仪的吸光管中，在 214.4nm 波长处测得的吸光度与硝酸盐氮浓度符合朗伯 – 比尔定律。

NO_2^- 产生正干扰，可加 2 滴 10% 氨基磺酸使其分解生成氮气而消除干扰。

该法适用于地表水、地下水、海水、饮用水、生活污水及工业污水中硝酸盐氮的测定，检出限为 0.006mg／L，测定上限为 10mg／L。

第四节 水中有机污染物的测定

水体中除含有无机污染物外，更含有大量的有机污染物。目前，世界上有统计的有机物的数目已达上千万种，与此同时，人工合成的新的有机物数量每年都在不断增加。如此大量的有机物不可避免地会通过各种方式进入环境水体中，它们以毒性和使水中溶解氧减少的形式对生态系统产生不良影响，危害人体健康。已经查明，绝大多数致癌物质是有毒有机物，因此，有机污染物指标是一类评价水体污染状况的极为重要的指标。

一、化学需氧量

化学需氧量是指在强酸并加热条件下，用重铬酸钾为氧化剂处理水样时消耗氧化剂的量，以氧的质量浓度（mg／L）表示。化学需氧量所测得的水中还原性物质主要是有机物和硫化物、亚硫酸盐、亚硝酸盐、亚铁盐等无机还原物质。但是水体中有机物的数量远多于无机还原物质的数量，因此，化学需氧量可以反映水体受有机物污染的程度，可作为水中有机物相对含量的综合指标之一。

化学需氧量是一个条件性指标，其测定结果受加入的氧化剂的种类、浓度，反应液的酸度、温度、反应时间及催化剂等条件的影响。重铬酸钾的氧化率可达 90% 左右，使得重铬酸钾法成为国际上广泛认定的化学需氧量测定的标准方法，适用于生活污水、工业废水和受污染水体的测定。

（一）重铬酸钾法

在强酸性溶液中，一定量的重铬酸钾在催化剂（硫酸银）作用下氧化水样中还原性物质，过量的重铬酸钾以试亚铁灵为指示剂，用硫酸亚铁铵标准溶液回滴，溶液的颜色由黄色经蓝绿色至红褐色即为滴定终点，记录硫酸亚铁铵标准溶液的用量，根据其用量计算水样中还原性物质的需氧量。

重铬酸钾氧化性很强，大部分直链脂肪化合物可有效地被氧化，而芳烃及吡啶等多环或杂环芳香有机物难以被氧化。但挥发性好的直链脂肪族化合物和苯等存在于气相，与氧化剂接触不充分，氧化率较低。氯离子也能被重铬酸钾氧化，并与硫酸银作用生成沉淀，干扰 COD 的测定，可加入适量 $HgSO_4$ 络合或采用 $AgNO_3$ 沉淀去除。若水中含亚硝酸盐较多，可预先在重铬酸钾溶液中加入氨基磺酸便可消除其干扰。

重铬酸钾法测定化学需氧量，存在操作步骤较烦琐、分析时间长、能耗高，所使用的银盐、汞盐及铬盐还会造成二次污染等问题。为了解决这些问题，国内外学者相继提出了一些改进方法与装置，取得了较好的效果。

（二）库仑滴定法

在强酸性溶液中，一定量的重铬酸钾在催化剂（硫酸银）作用下氧化水样中还原性物质，利用电解法产生所需的 Fe^{2+} 滴定溶液中剩余的重铬酸钾，并用电位指示终点。依据电解消耗的电量和法拉第电解定律按照式（1-1）计算被测物质的含量：

$$W = \frac{Q}{96487} \cdot \frac{M}{n}$$

（1-1）

式中：Q——电量，C；

M——被测物质的相对分子质量；

n——滴定过程中被测离子的电子转移数；

W——被测物质质量，g。

库仑池由电极对及电解液组成，其中工作电极为双铂片工作阴极和铂丝辅助阳极（内置 3mol / L H_2SO_4），用于电解产生滴定剂；指示电极为铂片指示电极（正极）和钨棒参比电极（负极，内充饱和 K_2SO_4 溶液）。以其点位的变化指示库仑滴定终点。电解液为 10.2mol / L 硫酸、重铬酸钾和硫酸铁混合液。

库仑滴定法简单、快速、试剂用量少，无须标定亚铁标准溶液，不受水样颜色干扰，尤其适合于工业废水的控制分析。

（三）分光光度法

分光光度法是根据重铬酸钾中橙色的 Cr^{6+} 与水样中还原性物质反应后生成绿色的 Cr^{3+} 从而引起溶液颜色的变化这一特征，建立在一定波长下溶液的吸光度值与反应物浓度之间的定量关系，通过标准工作曲线得到未知水样所对应的 COD 值。其中，快速消解分光光度法是光度法测定水样 COD 含量的典型方法。

快速消解分光光度法：在试样中加入已知量的重铬酸钾溶液，在强酸介质中，以硫酸银作为催化剂，经高温消解 2h 后用分光光度法测定 COD 值。

当试样中 COD 值在 100 ~ 1000mg / L 时，在（600±20）nm 波长处测定重铬酸钾被还原产生的 Cr^{3+} 的吸光度，试样中还原性物质的量与 Cr^{3+} 的吸光度成正比例关系，从而可以根据 Cr^{3+} 的吸光度对试样的 COD 值进行定量。

当试样中 COD 值在 15 ~ 250mg / L 时，在（440±20）nm 波长处测定重铬酸钾未被还原的 Cr^{3+} 和被还原产生的 Cr^{3+} 两种铬离子的总吸光度，试样中还原性物质的量与 Cr^{6+} 吸光度的减少值和 Cr^{3+} 吸光度的增加值分别成正比，与总吸光度的减少值成正比，从而可以将总吸光度换算成试样的 COD 值。

二、高锰酸盐指数

高锰酸盐指数是指在酸性或碱性介质中，以高锰酸钾为氧化剂处理水样时所消耗的氧的量，以（O_2，mg / L）来表示。水中的亚硝酸盐、亚铁盐、硫化物等还原性无机物和在此条件下可被氧化的有机物均可消耗高锰酸钾。因此，该指数常被作为地表水受有机物和还原性无机物污染程度的综合指标。为避免 Cr^{6+} 的二次污染，日本、德国等国家也用高锰酸盐作为氧化剂测定废水的化学需氧量。高锰酸盐指数的测定方法有酸性法和碱性法两种。

酸性法高锰酸盐指数的测定：取 100mL 水样（原样或经稀释），加入硫酸使其呈酸性，加入 10mL 浓度为 0.01mol / L 的高锰酸钾标准溶液，在沸水浴中加热反应 30min。剩余的高锰酸钾用过量的草酸钠标准溶液（10mL，0.0100mol / L）还原，再用高锰酸钾标准溶液回滴过量的草酸钠，溶液由无色变为微红色即为滴定终点，记录高锰酸钾标准溶液的消耗量。

当水中含有的氯离子＜ 300mg／L 时，不干扰高锰酸盐指数的测定；当水中氯离子含量超过 300mg／L 时，在酸性条件下，氯离子可与硫酸反应生成盐酸，再被高锰酸钾氧化，从而消耗过多的氧化剂影响测定结果。此时，需采用碱性法测定高锰酸盐指数，在碱性条件下高锰酸钾不能氧化水中的氯离子。

碱性法高锰酸盐指数的测定步骤与酸性法基本一样，只不过在加热反应之前将溶液用氢氧化钠溶液调至碱性，在加热反应之后先加入硫酸酸化，然后再加入草酸钠溶液。高锰酸盐指数计算方法同酸性法。

化学需氧量和高锰酸盐指数是采用不同的氧化剂在各自的氧化条件下测定的，难以找出明显的相关关系。一般来说，重铬酸盐法的氧化率可达 90%，而高锰酸盐法的氧化率为 50% 左右，两者均未将水样中还原性物质完全氧化，因而都只是一个相对参考数据。

三、生化需氧量

生化需氧量（BOD）是指在有溶解氧的条件下，好氧微生物在分解水中有机物的生物化学氧化过程中所消耗的溶解氧量，同时也包括如硫化物、亚铁等还原性无机物氧化所消耗的氧量，但这部分通常占很小比例。因此，BOD 可以间接表示水中有机物的含量。BOD 能相对表示出微生物可以分解的有机污染物的含量，比较符合水体自净的实际情况，因而在水质监测和评价方面更具有实际操作意义。

有机物在微生物作用下，好氧分解可分两个阶段：第一阶段为含碳物质的氧化阶段，主要是将含碳有机物氧化为二氧化碳和水；第二阶段为硝化阶段，主要是将含氮有机物在硝化菌的作用下分解为亚硝酸盐和硝酸盐。这两个阶段并非截然分开，只是各有主次。通常条件下，要彻底完成水中有机物的生化氧化过程历时需要超过 100 天，即使可降解的有机物全部分解也需要超过 20 天的时间，用这么长时间来测定生化需氧量是不现实的。目前，国内外普遍规定在 20℃下培养 5 天所消耗的溶解氧作为生化需氧量的数值，也称为五日生化需氧量，用 BOD_5 表示，这个测定值一般不包括硝化阶段。

BOD_5 测定方法有稀释与接种法、微生物传感器快速测定法、压力传感器法、减压式库仑法和活性污泥曝气降解法等。

（一）五天培养法

五天培养法也称稀释与接种法，其原理是：水样经稀释后在（20±1）℃下培养 5d，求出培养前后水样中溶解氧的含量，两者之差即为 BOD_5。若水样 BOD_5 ＜ 7mg／L，则不必稀释，可直接测定，清洁的河水属于此类。对不含或少含微生物的废水，如酸性废水、碱性废水、高温废水及经过氯化处理的废水，在测定 BOD 时应进行接种，以引入能降解废水中有机物的微生物。对某些地表水及大多数工业废水，因含有较多的有机物，需要稀释后再培养测定，以保证在 5d 培养过程中有充足的溶解氧。其稀释比例应使培养中所消耗的溶解氧大于 2mg／L，而剩余溶解氧大于 1mg／L。具体包括：

1. 稀释水的配制

一般采用蒸馏水配制稀释水，并对其中的溶解氧、温度、pH、营养物质和有机物含量有一定的要求。首先向蒸馏水中通入洁净的空气曝气 2～8h，使水中溶解氧含量接近饱和，为 5d 内微生物氧化分解有机物提供充足的氧，然后于 20℃下放置一定时间使其达到平衡；其次，用磷酸盐缓冲溶液调节稀释水 pH 值为 7.2，以适合好氧微生物的活动；此外，再加入适量的硫酸镁、氯化钙、氯化铁等营养溶液，以维持微生物正常的生理活动。稀释水的 pH 值为 7.2，其 BOD_5 应小于 0.2mg／L。

2. 稀释水的接种

一般情况下，生活污水中有足够的微生物。而工业废水，尤其是一些有毒工业废水，微生物含量甚微，应在稀释水中接种微生物，即在每升稀释水中加入生活污水上层清液 1～10mL，或表层土壤浸出液 20～30mL，或河水、湖水 10～100mL。接种后的水也称为接种稀释水。在分析含有难以生物降解或剧毒物质的工业废水时，可以采用该种废水所排入的河道的水作为接种水；也可用产生这种废水的工厂、车间附近的土壤浸出液接种，或者进行微生物菌种驯化。接种液可事先加入稀释水中，但稀释水样中的微生物浓度要适量，其含量过大或过小都将影响微生物在水中的生长规律，从而影响 BOD_5 的测定值。

3. 稀释倍数

废水样用接种稀释水稀释，一般可采用经验值法对稀释倍数进行估算。

对地表水等天然水体，可根据其高锰酸盐指数来估算稀释倍数，即：

$$稀释倍数 = 高锰酸盐指数 \times 稀释系数 \qquad （1-2）$$

对生活污水和工业废水，其稀释倍数可由 COD_{cr} 值分别乘以稀释系数 0.075、0.15 和 0.25 获得。通常同时做三个稀释比的水样。对高浓度的工业废水，可根据废水样总有机碳进行预估；也可以先粗测几个大稀释倍数，基本了解 COD_{cr} 大致范围内，再进行三个或多个稀释倍数的测定。

（二）微生物电极法

微生物电极是一种将微生物技术与电化学检测技术相结合的传感器，其结构主要由溶解氧电极和紧贴其透气膜表面的固定化微生物膜组成。响应 BOD 物质的原理为当将微生物电极插入恒温、溶解氧浓度一定的不含 BOD 物质的底液时，由于微生物的呼吸活性一定，底液中的溶解氧分子通过微生物膜扩散进入溶解氧电极的速率一定，微生物电极输出一个稳定电流；如果将 BOD 物质加入底液中，则该物质的分子与氧分子一起扩散进入微生物膜，因为膜中的微生物对 BOD 物质发生同化作用而耗氧，导致进入氧电极的氧分子减少，即扩散进入的速率降低，使电极输出电流减小，并在几分钟内降至新的稳态值。在适宜的 BOD 物质浓度范围内，电极输出电流降低值与 BOD 物质浓度之间呈线性关系，而 BOD 物质浓度又和 BOD 值之间有定量关系。

BOD 是一个能反映废水中可生物氧化的有机物数量的指标。根据废水的 BOD_5 / COD 比值，可以评价废水的可生化性及是否可以采用生化法处理等。一般若 BOD_5 / COD 比值大于 0.3，认为此种废水适宜采用生化处理方法；若 BOD_5 / COD 比值小于 0.3，说明废水中不可生物降解的有机物较多，须寻求其他处理技术。

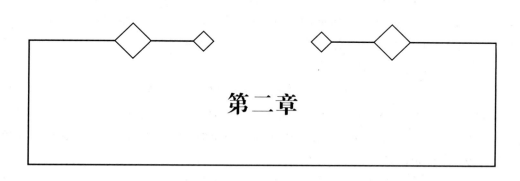

第二章

空气和废气监测

第一节　空气污染基础

一、大气、空气及其污染

大气是指包围在地球周围的气体，其厚度达 1000 ~ 1400km，其中，对人类及生物生存起着重要作用的是近地面约 10km 内的空气层（对流层）。空气层厚度虽然比大气层厚度小得多，但空气质量却占大气总质量的95%左右。在环境科学相关书籍、资料中，常把"空气"和"大气"作为同义词使用。

清洁干燥的空气主要组分体积分数是：氮78.06%、氧20.95%、氩0.93%。这三种气体的总和约占总体积的99.94%，其余尚有十多种气体，其体积总和不足0.1%。实际空气中含有水蒸气，其含量因地理位置和气象条件不同而异，干燥地区可低至0.02%（体积分数），而暖湿地区可高达0.46%。

清洁的空气是人类和其他生物赖以生存的环境要素之一。在通常情况下，每人每日平均吸入 10 ~ 12m³ 的空气，在面积为 60 ~ 90m² 的肺泡上进行气体交换，吸收生命所必需的氧气，以维持人体正常的生理活动。

随着过去几十年工业及交通运输业等的迅速发展，特别是化石燃料，如煤和石油的大量使用，将产生大量的有害物质如烟尘、二氧化硫、氮氧化物、一氧化碳、烃类等排放到空气中，当其浓度超过环境所允许的极限浓度并持续一定时间后，就会改变空气的正常组成，破坏自然的物理、化学和生态平衡体系，从而危害人们的生活、工作和健康，损害自然资源及财产、器物等。这种情况即被称为空气污染。

二、空气污染源

空气污染源可分为自然源和人为源两种。自然源是自然现象造成的，如火山爆发时喷射出的大量粉尘、二氧化硫气体等；森林火灾产生的大量二氧化碳、烃类、热辐射等。人为源是人类的生产和生活活动造成的，是空气污染的主要来源，主要有以下三种：

（一）工业企业排放的废气

在工业企业排放的废气中，排放量最大的首先是以煤和石油为燃料，在燃烧过程中排放的粉尘、SO_2、NO_4、CO、CO_2 等；其次是工业生产过程中排放的多种有机污染物和无机污染物，其中挥发性有机物作为形成细颗粒物和臭氧等的重要前体物，也已纳入我国大气的总量控制指标。

（二）交通运输工具排放的废气

这主要是指交通车辆、轮船、飞机排出的废气。其中，汽车数量最大，并且集中在城市，故对空气质量特别是城市空气质量影响大，是一种严重的空气污染源，其排放的主要污染物有烃类、一氧化碳、氮氧化物和黑烟等。

（三）室内空气污染源

随着人们生活水平、现代化水平的提高，加之信息技术的飞速发展，人们在室内活动的时间越来越长。因此，近年来对建筑物室内空气质量（IAQ）的监测及评估在国内外引起广泛重视。据测量，室内污染物的浓度高于室外污染物浓度 2 ～ 5 倍。室内空气污染直接威胁着人们的身体健康，流行病学调查表明，室内空气污染将提高急、慢性呼吸系统障碍疾病的发病率，特别是会使肺结核、鼻炎、咽喉炎、肺癌、白血病等疾病的发病率、死亡率上升，导致社会劳动生产效率降低。

室内空气污染的来源有：化学建材和装饰材料中的油漆；胶合板、内墙涂料、刨花板中含有的挥发性有机物，如甲醛、苯、甲苯、三氯甲烷等有毒物质；大理石、地砖、瓷砖中的放射性物质排放的氡气及其子体；烹饪、吸烟等室内燃烧所产生的油、烟污染物质；人群密集且通风不良的封闭室内高浓度的 CO_2；空气中的霉菌、真菌和病毒等。

三、空气中的污染物及其存在状态

空气中的污染物不下数千种，已发现有危害作用而被人们注意到的有 100 多种。

根据污染物的形成过程，可将其分为一次污染物和二次污染物。

一次污染物是指直接从各种污染源排放到空气中的有害物质。常见的主要有二氧化硫、氮氧化物、一氧化碳、烃类、颗粒物等。颗粒物中包含苯并（α）芘等强致癌物质、有毒重金属、多种有机化合物和无机化合物等。

二次污染物是指一次污染物在空气中相互作用或它们与空气中的正常组分发生反应所产生的新污染物。这些新污染物与一次污染物的化学、物理性质完全不同，多为气溶胶，具有颗粒小、毒性一般比一次污染物大等特点。常见的二次污染物有硫酸盐、硝酸盐、臭氧、醛类（乙醛和丙烯醛等）、过氧乙酰硝酸酯（PAN）等。

空气中污染物的存在状态是由其自身的理化性质及形成过程决定的，气象条件也起一定的作用，一般将空气中的污染物分为分子状态污染物和气溶胶状态污染物两类。

（一）分子状态污染物

某些物质如二氧化硫、氮氧化物、一氧化碳、氯化氢、氯气、臭氧等沸点都很低，在常温、常压下以气体分子形式分散于空气中。还有些物质如苯、苯酚等，虽然在常温、常压下是液体或固体，但因其挥发性强，故能以蒸气形式进入空气中。

无论是气体分子还是蒸气分子，都具有运动速度较大、扩散快、在空气中分布比较均匀的特点。它们的扩散情况与自身的相对密度有关，相对密度大者向下沉降，如汞蒸气等；相对密度小者向上飘浮，并受气象条件的影响，可随气流扩散到很远的地方。

（二）气溶胶状污染物

气溶胶由空气中的气体介质与悬浮在其中的粒子组成，是一个复杂的非均匀体系。

通常所说的烟、雾、灰尘都是用来表述颗粒物存在形式的。某些固体物质在高温下由于蒸发或升华作用变成气体逸散于空气中，遇冷后又凝聚成微小的固体颗粒物悬浮于空气中构成烟。例如高温熔融的铅、锌，可迅速挥发并氧化成氧化铅和氧化锌的微小固体颗粒物。烟的粒径一般为 $0.01 \sim 1 \mu m$。

雾是由悬浮在空气中微小液滴构成的气溶胶。按其形成方式可分为分散型气溶胶和凝聚型气溶胶。常温状态下的液体，由于飞溅、喷射等原因被雾化而形成微小雾滴分散在空气中，构成分散型气溶胶。液体因加热变成蒸气逸散到空气中，遇冷后又凝集成微小液滴形成凝聚型气溶胶。雾的粒径一般在 $10 \mu m$ 以下。

通常所说的烟雾是烟和雾同时构成的固、液混合态气溶胶，如硫酸烟雾、光化学烟雾等。硫酸烟雾主要是由燃煤产生的高浓度二氧化硫和煤烟形成的，而二氧化硫经氧化剂、紫外线等因素的作用被氧化成三氧化硫，三氧化硫与水蒸气结合形成硫酸烟雾。当空气中的氮氧化物、一氧化碳、烃类达到一定浓度后，在强烈阳光照射下，经过一系列光化学反应，形成臭氧、PAN 和醛类等物质悬浮于空气中而构成光化学烟雾。

尘是分散在空气中的固体颗粒物，如交通车辆行驶时所带起的扬尘、粉碎固体物料时所产生的粉尘、燃煤烟气中的含碳颗粒物等。

四、空气中污染物的时空分布特点

与其他环境要素中的污染物相比较，空气中的污染物具有随时间、空间变化大的特点。了解该特点，对获得能正确反映空气污染实际状况的监测结果有重要意义。

空气污染物的时空分布及其浓度与污染物排放源的分布、排放量及地形、地貌、气象等条件密切相关。

气象条件如风向、风速、大气湍流、大气稳定度等，总在不停地改变，故污染物的稀释与扩散情况也在不断地变化。同一污染源对同一地点在不同时间所造成的地面空气污染浓度往往相差数倍至数十倍，同一时间不同地点也相差甚大。一次污染物和二次污染物的浓度在一天之内也不断地变化。一次污染物因受逆温层及气温、气压等限制，清晨和黄昏浓度较高，中午浓度较低；二次污染物如光化学烟雾，因在阳光照射下才能形成，故中午浓度较高，清晨和夜晚浓度低。风速大，大气不稳定，则污染物稀释扩散速度快，浓度变化也快；反之，稀释扩散速度慢，浓度变化也慢。

污染源的类型、排放规律及污染物的性质不同，其时空分布特点也不同。例如我国北方城市空气中 SO_2 浓度的变化规律是：在一年内，1 月、2 月、11 月、12 月属于采暖期，SO_2 浓度比其他月份高；在一天内，6：00 ～ 10：00 和 18：00 ～ 21：00 为供热高峰时段，SO_2 浓度比其他时段高。点污染源或线污染源排放的污染物浓度变化较快，涉及范围较小；大量地面点污染源（如工业区炉窑、分散供热锅炉等）构成的面污染源排放的污染物浓度分布比较均匀，并随气象条件变化有较强的变化规律。就污染物的性质而言，质量较小的分子态或气溶胶态污染物高度分散在空气中，易扩散和稀释，随时空变化快；质量较大的尘、汞蒸气等，扩散能力差，影响范围较小。

为反映污染物浓度随时间的变化，在空气污染监测中提出时间分辨率的概念，要求在规定的时间内反映出污染物的浓度变化。例如了解污染物对人体的急性危害，要求分辨率为 3min；了解光化学烟雾对呼吸道的刺激反应，要求分辨率为 10min。

五、空气中污染物的浓度表示方法

空气中污染物浓度有两种表示方法，即质量浓度和体积分数，根据污染物存在状态选择使用。

（一）质量浓度

质量浓度是指单位体积空气中所含污染物的质量，常用 mg / m³ 或 μg / m³ 为单位表示，这种表示方法对任何状态的污染物都适用。

（二）体积分数

体积分数是指单位体积空气中含污染气体或蒸气的体积，常用 mL / m³ 或 μL / m³ 为单位表示。显然这种表示方法仅适用于气态或蒸气态物质，它不受空气温度和压力变化的影响。

因为质量浓度受空气温度和压力变化的影响，为使计算出的质量浓度具有可比性，我国空气质量标准中采用标准状态（0℃，101.325kPa）时的体积。非标准状态下的气体体积可用理想气体状态方程换算成标准状态下的体积，换算式如下：

$$V_0 = V_t \cdot \frac{273}{273+t} \cdot \frac{p}{101.325} \tag{2-1}$$

式中：V_0——标准状态下的采样体积，L 或 m³；

V_t——现场状态下的采样体积，L 或 m³；

t——采样时的温度，℃；

p——采样时的大气压，kPa。

两种浓度的表示方法可按下式进行换算：

$$\varphi = \frac{22.4}{M} \cdot \rho \qquad (2\text{-}2)$$

式中：φ——标准状态下气体的体积分数，mL／m³；

p——气体质量浓度，mg／m³；

M——气体的摩尔质量，g／mol；

22.4——标准状态下气体的摩尔体积，L／mol。

第二节　颗粒物、气态与蒸气态污染物的测定

一、颗粒物的测定

空气中颗粒物的测定项目有：可吸入颗粒物（PM_{10}）、细颗粒物（PM_{25}）、总悬浮颗粒物（TSP）、降尘量及其组分、颗粒物中化学组分含量等。

（一）可吸入颗粒物和细颗粒物的测定

测定 PM_{10} 和 PM_{25} 的方法是：首先用符合规定要求的切割器将采集的颗粒物按粒径分离，然后用重量法、β 射线吸收法、微量振荡天平法测定。

采样前的准备工作包括切割器的清洗、环境温度和大气压的测定、采样器的气密性检查、采样流量检查、滤膜检查并经恒温恒湿平衡处理 24h 以上至恒重后称重。

采样时，用无锯齿镊子将滤膜放入洁净的滤膜夹内，并注意滤膜毛面应朝向进气方向。采样结束后，用镊子将滤膜放入滤膜保存盒中，尽快进行恒温恒湿平衡处理，确保采样前后平衡条件一致，平衡后进行称重计算，计算公式为：

$$\rho = \frac{w_2 - w_1}{V} \times 1000 \qquad (2\text{-}3)$$

式中：ρ——PM_{10} 或 PM_{25} 质量浓度，μg／m³；

w_1、w_2——采样前后滤膜的质量，mg；

V——标准状态下的采样体积，m³。

（二）总悬浮颗粒物的测定

国内外广泛采用滤膜捕集 – 重量法测定总悬浮颗粒物（TSP）。原理为用采样动力抽取一定体积的空气通过已恒重的滤膜，则空气中的悬浮颗粒物被阻留在滤膜上，根据采样

前后滤膜质量之差及采样体积，即可计算 TSP。滤膜经处理后，可进行化学组分分析。

根据采样流量不同，采样分为大流量、中流量和小流量采样法。大流量采样使用大流量采样器连续采样 24h，按照下式计算 TSP：

$$TSP\left(\mathrm{mg}/\mathrm{m}^3\right)=\frac{W}{Q_n \cdot t} \qquad (2-4)$$

式中：W ——阻留在滤膜上的 TSP 质量，mg；

Q_n ——标准状态下的采样流量，$\mathrm{m}^3 / \mathrm{min}$；

t ——采样时间，min。

采样器在使用期内，每月应将标准孔口流量校准器串接在采样器前，在模拟采样状态下，进行不同采样流量值的校验。依据标准孔口流量校准器的标准流量曲线值标定采样器的流量曲线，以便由采样器压力计的压差值（液位差，以 cm 为单位）直接得知采气流量。有的采样器设有流量记录器，可自动记录采气流量。

（三）降尘量及其组分的测定

降尘量是指在空气环境条件下，单位时间靠重力自然沉降落在单位面积上的颗粒物质量（简称降尘）。自然降尘量主要取决于自身质量和粒度大小，但风力、降水、地形等自然因素也起着一定的作用。因此，把自然降尘和非自然降尘区分开是很困难的。

降尘量用重量法测定。有时还需要测定降尘中的可燃性物质、水溶性和非水溶性物质、灰分，以及某些化学组分。

1. 降尘量的测定

采样结束后，剔除集尘缸中的树叶、小虫等异物，其余部分定量转移至 500mL 的烧杯中，加热蒸发浓缩至 10 ~ 20mL 后，再转移至已恒重的瓷坩埚中，用水冲洗黏附在烧杯壁上的尘粒，并入瓷坩埚中，在电热板上蒸干后，于（105±5）℃烘箱内烘至恒重，按下式计算降尘量：

$$降尘量\left[\mathrm{V/km}^2\cdot 30\mathrm{d})\right]=\frac{m_1-m_0-m_a}{A \cdot t}\times 30\times 10^4 \qquad (2-5)$$

式中：m_1 ——降尘瓷坩埚和乙二醇水溶液蒸干并在（105±5）℃恒重后的质量，g；

m_0 ——在（105±5）℃烘干至恒重的瓷坩埚的质量，g；

m_a ——加入的乙二醇水溶液经蒸发和烘干至恒重后的质量，g；

A ——集尘缸口的面积，cm^2；

t ——采样时间，精确到 0.1d。

2. 降尘中可燃物的测定

将上述已测降尘量的瓷坩埚于 600℃ 的马弗炉内灼烧至恒重，减去经 600℃ 灼烧至恒重的该坩埚质量及等量乙二醇水溶液蒸干并经 600℃ 灼烧后的质量，即为降尘中可燃物燃烧后剩余残渣量，根据它与降尘量之差和集尘缸面积、采样时间，便可计算出可燃物量 [t／（km^2·30d）]。

（四）颗粒物中污染组分的测定

1. 水溶性阴阳离子的测定

颗粒物中常须测定的水溶性阴阳离子，多以气溶胶形式存在，目前可通过离子色谱法进行测定的阴离子为 F^-、Cl^-、Br^-、NO_2^-、NO_3、PO_4^{3-}、SO_3^{2-}、SO_4^{2-}，阳离子为 Li^+、Na^+、$NH4^+$、K^+、Ca^{2+}、Mg^{2+}。

采集颗粒物样品后，以去离子水超声提取，阴离子用阴离子色谱柱分离，阳离子用阳离子色谱柱分离，用抑制型或非抑制型电导检测器检测，根据保留时间定性，根据峰高或峰面积标准曲线定量。

2. 有机化合物的测定

颗粒物中的有机组分种类多，多数具有毒性，如有机氯和有机磷农药、芳烃类和酯类化合物等。其中，受到普遍重视的是多环芳烃（PAHs），如菲、蒽、芘等达几百种，有不少具有致癌作用。苯并（α）芘（又名 3，4- 苯并芘或 BaP）就是其中一种强致癌物质，它主要来自含碳燃料及有机物热解过程中的产物。煤炭、石油等在无氧加热裂解过程中，产生的烷烃、烯烃等经过脱氢、聚合，可产生一定数量的苯并（α）芘，并吸附在烟气中的可吸入颗粒物上散布于空气中；香烟烟雾中也含苯并（α）芘。

测定苯并（α）芘的主要方法有荧光光谱法、高效液相色谱法、紫外分光光度法等。在测定之前，需要先进行提取和分离。

（1）多环芳烃的提取

将已采集颗粒物的玻璃纤维滤膜置于索氏提取器内，加入提取剂（环己烷），在水浴上连续加热提取，所得提取液于浓缩器中进行加热减压浓缩后供层析法分离。

还可以用真空充氮升华法提取多环芳烃，将采样滤膜放在烧瓶内，连接好各部件，把系统内抽成真空后充入氮气，并反复几次，以除去残留氧。用包着冰的纱布冷却升华管，然后开启电炉加热至 300℃，保持 0.5h，则多环芳烃升华并在升华管中冷凝，待冷却后，用注射器喷入溶剂，洗出升华物，供下步分离。

（2）多环芳烃的分离

多环芳烃提取液中包括它们的各种同系物，欲测定某一组分或各组分，必须进行分离，常用的分离方法有纸层析法、薄层层析法等。

①纸层析法

该方法是选用适当的溶剂，在层析滤纸上对各组分进行分离。例如分离苯并（α）芘时，先将苯、乙酸酐和浓硫酸按一定比例配成混合溶液，用其浸渍滤纸条后，将滤纸条用水漂洗、晾干，再用无水乙醇浸渍，晾干、压平，制成乙酰化滤纸。将提取和浓缩后的样品溶液点在离乙酰化滤纸下沿 3cm 处，用冷风吹干，挂在层析缸中，沿插至缸底的玻璃棒加入甲醇、乙醚和蒸馏水（体积比为 4：4：1）配制的展开剂，至乙酰化滤纸下沿浸入 1cm 为止。加盖密封层析缸，放于暗室中进行层析。在此，乙酰化试剂为固定相，展开剂为流动相，样品中的各组分经在两相中反复多次分配，按其分配系数大小依次被分开，在乙酰化滤纸条的不同高度处留下不同组分的斑点。取出乙酰化滤纸条、晾干，将各斑点剪下，分别用适宜的溶剂将各组分洗脱，即得到样品溶液。

②薄层层析法

薄层层析法又称薄板层析法。它是将吸附剂如硅胶、氧化铝等均匀地铺在玻璃板上，用毛细管将样品溶液点在距下沿一定距离处，然后将其以 10°～20° 的倾斜角放入层析缸中，使点样的一端浸入展开剂中（样点不能浸入），加盖后进行层析。在此，吸附剂是固定相，展开剂是流动相，样点上的各组分经溶解、吸附、再溶解、再吸附多次循环，在层析板不同位置处留下不同组分的斑点。取出层析板，晾干，用小刀刮下各组分斑点，分别用溶剂加热洗脱，即得到各组分的样品溶液。区分同一层析滤纸或层析板上不同斑点所分离的组分有两种比较简单的方法：一种是若斑点有颜色或在特定光线照射下显色，可根据不同组分的特有颜色辨认；另一种是在点样的同时，将被测物质的标准溶液点在与样点相隔一定距离的同一水平线上，则与标样平行移动的斑点就是被测组分的斑点。这种方法不仅能辨认样品中的被测组分，而且能对其进行定量测定。

（3）苯并（α）芘的测定

①乙酰化滤纸层析 – 荧光光谱法

将采集在玻璃纤维滤膜上的颗粒物中苯并（α）芘及有机溶剂可溶物质在索氏提取器中用环己烷提取，再经浓缩，点于乙酰化滤纸上进行层析分离，所得苯并（α）芘斑点用丙酮洗脱，以荧光光谱法测定。当采气体积为 40m³ 时，该方法最低检出质量浓度为 0.002μg／（100m³）。

多环芳烃是具有 π–π 电子共轭体系的分子，当受适宜波长的紫外线照射时，便吸收紫外线而被激发，瞬间又放出能量，发射比入射光波长稍长的荧光。以 367nm 波长的光激发苯并（α）芘，测定其在 405nm 波长处发射荧光强度 F_{405}；因为在 402、408nm 波长处发射荧光的其他多环芳烃在 405nm 波长处也发射荧光，故需同时测定 402、408nm 波长处的荧光强度（F_{402}，F_{408}），并按以下两式分别计算标准样品、空白样品、待测样品的相对荧光强度（F）和颗粒物中 BaP 的质量浓度：

$$f = F_{405} - \frac{F_{402} + F_{408}}{2} \tag{2-6}$$

空气中

$$BaP(\mu g/m^3) = \frac{f_2 - f_0}{f_1 - f_0} \cdot \frac{m \cdot R}{V_s} \tag{2-7}$$

式中：f_2——待测样品斑点洗脱液相对荧光强度；

f_0——空白样品斑点洗脱液相对荧光强度；

f_1——标准样品斑点洗脱液相对荧光强度；

m——标准样品斑点中 BaP 质量，μg；

R——提取液总量和点样量的比值；

V_s——标准状态下的采样体积，m^3。

也可以将层析分离后的 BaP 斑点直接用荧光分光光度计的薄层扫描仪测定。

②高效液相色谱法（HPLC）

测定颗粒物中 BaP 的方法是将采集在玻璃纤维滤膜上的颗粒物中的 BaP 在乙腈溶液中，用超声提取，再将离心后的上清液注入高效液相色谱仪测定。色谱柱将样品溶液中的 BaP 与其他有机组分分离后，进入荧光检测器测定。荧光检测器使用波长 365nm 的激发光、波长 405nm 的发射光。根据样品溶液 BaP 峰面积或峰高，标准溶液 BaP 峰面积或峰高及其质量浓度，标准状态下采样体积，计算颗粒物中 BaP 的含量。当采样体积 40m³，提取、浓缩液为 0.5mL 时，方法最低检出质量浓度为 $2.5 \times 10^{-5} \mu g/m^3$。

二、气态和蒸气态污染物的测定

（一）二氧化硫的测定

SO_2 是主要空气污染物之一，为例行监测的必测项目。它来源于煤和石油等燃料的燃烧、含硫矿石的冶炼、硫酸等化工产品生产排放的废气。SO_2 是一种无色、易溶于水、有刺激性气味的气体，能通过呼吸进入气管，对局部组织产生刺激和腐蚀作用，是诱发支气管炎等疾病的原因之一，特别是当它与烟尘等气溶胶共存时，可加重对呼吸道黏膜的损害。

测定空气中 SO_2 常用的方法有分光光度法、紫外荧光光谱法、电导法、定电位电解法和气相色谱法。其中，紫外荧光光谱法和电导法主要用于自动监测。下面介绍其中的几种方法：

1. 分光光度法

（1）甲醛吸收－副玫瑰苯胺分光光度法

用甲醛吸收－副玫瑰苯胺分光光度法测定 SO_2，避免了使用毒性大的四氯汞钾吸收液，在灵敏度、准确度等方面均可与四氯汞钾溶液吸收法相媲美，且样品采集后相当稳定，但操作条件要求较严格。

①原理

气样中的 SO_2 被甲醛缓冲溶液吸收后，生成稳定的羟基甲基磺酸加成化合物，加入氢氧化钠溶液使加成化合物分解，释放出 SO_2 与盐酸副玫瑰苯胺反应，生成紫红色络合物，其最大吸收波长为 577nm，用分光光度法测定。

②测定要点

对于短时间采集的样品，将吸收管中的样品溶液移入 10mL 比色管中，用少量甲醛吸收液洗涤吸收管，洗液并入比色管中并稀释至标线。加入 0.5mL 氨基磺酸钠溶液，混匀，放置 10min 以除去氮氧化物的干扰。随后将试液迅速地全部倒入盛有盐酸副玫瑰苯胺显色液的另一支 10mL 比色管中，立即加塞混匀后放入恒温水浴中显色后测定。

对于连续 24h 采集的样品，将吸收瓶中样品移入 50mL 容量瓶中，用少量甲醛吸收液洗涤吸收瓶后再倒入容量瓶中，并用吸收液稀释至标线。吸取适当体积的试样于 10mL 比色管中，再用吸收液稀释至标线，加入 0.5mL 氨基磺酸钠溶液混匀，放置 10min 除去氮氧化物干扰后测定。显色操作同短时间采集样品。测定空气中 SO_2 的检出限为 0.004 mg／m^3，测定下限为 0.014mg／m^3，测定上限为 0.347mg／m^3。

用分光光度计测定由亚硫酸钠标准溶液配制的标准色列、试剂空白溶液和样品溶液的吸光度，以标准色列 SO_2 含量为横坐标，相应吸光度为纵坐标，绘制标准曲线，并计算出斜率和截距，按下式计算空气中 SO_2 的质量浓度：

$$\rho = \frac{A - A_0 - a}{b \times V_s} \times \frac{V_t}{V_a} \qquad (2\text{-}8)$$

式中：ρ ——空气中 SO_2 的质量浓度，mg／m^3；

A ——样品溶液的吸光度；

A_0 ——试剂空白溶液的吸光度；

a ——标准曲线的截距（一般要求小于 0.005）；

b ——标准曲线的斜率，μg；

V_t ——样品溶液的总体积，mL；

V_a ——测定时所取样品溶液的体积，mL；

V_s ——换算成标准状态下（101.325kPa，273K）的采样体积，L。

（2）四氯汞盐吸收－副玫瑰苯胺分光光度法

空气中的SO_2被四氯汞钾溶液吸收后，生成稳定的二氯亚硫酸盐络合物，该络合物再与甲醛及盐酸副玫瑰苯胺作用，生成紫红色络合物，在575nm处测量吸光度。当使用5mL吸收液，采样体积为30L时，测定空气中SO_2的检出限为0.005mg／m^3，测定下限为0.020mg／m^3，测定上限为0.18mg／m^3；当使用50mL吸收液，采样体积为288L时，测定空气中SO_2的检出限为0.005mg／m^3，测定下限为0.020mg／m^3，测定上限为0.19mg／m^3。该方法具有灵敏度高、选择性好等优点，但吸收液毒性较大。

（3）钍试剂分光光度法

该方法也是国际标准化组织（ISO）推荐的测定SO_2的标准方法。它所用吸收液无毒，采集样品后稳定，但灵敏度较低，所需气样体积大，适合测定SO_2日平均浓度。

方法测定原理基于空气中SO_2用过氧化氢溶液吸收并氧化成硫酸。硫酸根离子与定量加入的过量高氯酸钡反应，生成硫酸钡沉淀，剩余钡离子与钍试剂作用生成紫红色的钍试剂－钡络合物，据其颜色深浅，间接进行定量测定。有色络合物最大吸收波长为520nm。当用50mL吸收液采气2m^3时，最低检出质量浓度为0.01mg／m^3。

2. 定电位电解法

（1）原理

定电位电解法是一种建立在电解基础上的监测方法，其传感器为一由工作电极（W）、对电极（C）、参比电极（R）及电解液组成的电解池（三电极传感器）。当在工作电极上施加一大于被测物质氧化还原电位的电压时，被测物质在电极上发生氧化反应或还原反应，如SO_2、NO_2、NO的标准氧化还原电位如下：

$$SO_2 + 2H_2O = SO_4^{2-} + 4H^+ + 2e - 0.17V$$

$$NO_2 + H_2O = NO_3 + 2H^+ + e - 0.80V$$

$$NO + 2H_2O = NO_3 + 4H^+ + 3e - 0.96V$$

可见，当工作电极电位介于SO_2和NO_2标准氧化还原电位之间时，则扩散到电极表面的SO_2选择性地发生氧化反应，同时在对电极上发生O_2还原反应：

$$O_2 + 4H^+ + 4e = 2H_2O$$

总反应为：$2SO_2 + O_2 + 2H_2O = 2H_2SO_4$

工作电极是由具有催化活性的高纯度金属（如铂）粉末涂覆在透气憎水膜上构成的。当气样中的SO_2通过透气馏水膜进入电解池后，在工作电极上迅速发生氧化反应，所产生的极限扩散电流与SO_2浓度的关系服从菲克斯扩散定律：

$$I_1 = \frac{n \cdot F \cdot A \cdot D \cdot c}{\delta} \qquad (2-9)$$

式中：I_1——极限扩散电流；

n——被测物质转移电子数，SO_2 为 2；

F——法拉第常数（96500C／mol）；

A——透气憎水膜面积，cm^2；

D——气体扩散系数，cm^2／s；

δ——透气馏水膜厚度，cm；

c——被测气体浓度，mol／mL。

在一定的工作条件下，n、F、A、D、δ 均为常数，电化学反应产生的极限扩散电流 I_1 与被测 SO_2 浓度 c 成正比。

（2）定电位电解 SO_2 分析仪

定电位电解 SO_2 分析仪由定电位电解传感器、恒电位源、信号处理及显示、记录系统组成。

定电位电解传感器将被测气体中 SO_2 浓度信号转换成电流信号，经信号处理系统进行 I／V 转换、放大等处理后，送入显示、记录系统指示测定结果。恒电位源和参比电极是为了向传感器工作电极提供稳定的电极电位，这是保证被测物质单一在工作电极上发生电化学反应的关键因素。为消除干扰因素的影响，还可以采取在传感器上安装适宜的过滤器等措施。用该仪器测定时，也要先用零气和 SO_2 标准气分别调零和进行量程校正。

这类仪器有携带式和在线连续测量式，后者安装了自动控制系统和微型计算机，将定期调零、校正、清洗、显示、打印等自动进行。

3. 紫外荧光光谱法

紫外荧光法测定二氧化硫的原理是样品被引入高温裂解炉后，经氧化裂解，其中的硫定量地转化为二氧化硫，反应气经干燥脱水后进入荧光室。

在荧光室中，部分二氧化硫受紫外光照后转化为激发态的二氧化硫（SO2），当 SO2 跃迁到基态时发射出光子，光电子信号由光电倍增管接收放大。再经放大器放大、计算机数据处理，即可转换为与光强度成正比的电信号。在一定条件下反应中产生的荧光强度 SO2 与二氧化硫的生成量成正比，二氧化硫的量又与样品中的总硫含量成正比，故可以通过测定荧光强度来测定样品中的总硫含量。

4. 电导法

电导分析法是通过测量溶液的电导来分析被测物质含量的电化学分析方法。它所依据的基本原理是溶液的电导与溶液中各种离子的浓度、运动速度和离子电荷数有关。其具体做法是：将被测溶液放在由固定面积、固定距离的两个铂电极所构成的电导池中，然后测量溶液的电导，由此计算被测物质的含量。

电导分析法，可分为直接电导法和电导滴定法两类。直接电导法简称电导法，它是通过测量溶液的电导值，并根据电导与溶液中待测离子的浓度之间的定量关系来确定待测离子的含量。电导滴定法是以测量滴定过程中电导值的突跃变化来确定滴定分析终点的定量分析方法。

（1）直接电导法

①水质的检验

用电导法鉴定蒸馏水、去离子水及其他水样的纯度，操作简便、准确度高，可以进行连续自动测定，是其他分析方法所不能及的。水的电导率越低表示其中的离子越少，水的纯度越高（见表）。

②钢铁中总碳量的测定

首先将试样置于 1200 ~ 1300℃高温炉中通氧燃烧，这时钢铁中的碳全部被氧化生成二氧化碳。然后将生成的 CO_2 与过剩的氧（经过除硫），通入装有 NaOH 溶液的电导池中，以吸收其中的 CO_2。吸收 CO_2 后，吸收池的电导率发生变化，基数值由自动平衡记录仪记录，再从事先制作的标准曲线上查出含碳量。

（2）电导滴定法

此法可用于中和反应、络合反应、沉淀反应和氧化还原等反应。一般来说，只要反应物的离子和生成物的离子淌度有较大改变都可以进行电导滴定。①强酸、强碱滴定。②弱酸、强碱的滴定。③混合酸的滴定。

（二）氮氧化物的测定

空气中的氮氧化物以一氧化氮（NO）、二氧化氮（NO_2）、三氧化二氮（N_2O_3）、四氧化二氮（N_2O_4）、五氧化二氮（N_2O_5）等多种形态存在，其中，NO_2 和 NO 是主要存在形态，为通常所指的氮氧化物（NO_x）。它们主要来源于化石燃料高温燃烧和硝酸、化肥等生产排放的废气及汽车尾气。

NO 为无色、无臭、微溶于水的气体，在空气中易被氧化成 NO_2。NO_2 为棕红色具有强刺激性臭味的气体，毒性比 NO 高 4 倍，是引起支气管炎、肺损害等疾病的有害物质。目前，NO_2 为我国环境空气质量标准中的基本监测项目之一，NO 为其他监测项目之一。

1. 盐酸萘乙二胺分光光度法

该方法采样与显色同时进行，操作简便、灵敏度高，可直接测定空气中的 NO_2，是国内外普遍采用的方法。测定 NO_x 或单独测定 NO 时，需要将 NO 氧化成 NO_2，主要采用高锰酸钾氧化法。当吸收液体积为 10mL，采样 4 ~ 24L 时，NO_x（以 NO_2 计）的最低检出质量浓度为 0.005mg／m³。

（1）原理

用无水乙酸、对氨基苯磺酸和盐酸萘乙二胺配成吸收液采样，空气中的 NO_2 被吸收转变成亚硝酸和硝酸。在无水乙酸存在条件下，亚硝酸与对氨基苯磺酸发生重氮化反应，然后再与盐酸萘乙二胺偶合，生成玫瑰红色偶氮染料，在波长 540nm 处的吸光度与气样中 NO_2 浓度成正比，因此，可用分光光度法测定。

（2）酸性高锰酸钾溶液氧化法

如果测定空气中 NO_x 的短时间浓度，使用 10mL 吸收液和 5～10mL 酸性高锰酸钾溶液，以 0.4L／min 流量采气 4～24L；如果测定 NO 的日平均浓度，使用 25mL 或 50mL 吸收液和 50mL 酸性高锰酸钾溶液，以 0.2L／min 流量采气 288L。流程中酸性高锰酸钾溶液氧化瓶串联在两支内装显色吸收液的多孔玻板吸收瓶之间，可分别测定 NO_2 和 NO 的浓度。使用棕色吸收瓶或者采样过程中吸收瓶外罩黑色避光罩。采样的同时，将装有吸收液的吸收瓶放置于采样现场，作为现场空白。采样后在暗处放置 20min，若室温在 20℃以下，放置 40min 以上再进行吸光度的测定。

2. 原电池库仑滴定法

这种方法与常规库仑滴定法的不同之处是库仑滴定池不施加直流电压，而依据原电池原理工作。库仑滴定池中有两个电极，一是活性炭阳极；二是铂网阴极，池内充 0.1 mol／L 磷酸盐缓冲溶液（pH=7）和 0.3mol／L 碘化钾溶液。当进入库仑池的气样中含有 NO_2 时，则与电解液中的 I⁻ 反应，将其氧化成 I_2，而生成的 I_2 又立即在铂网阴极上还原为 I，便产生微小电流。如果电流效率达 100%，则在一定条件下，微电流大小与气样中的 NO_2 浓度成正比，故可根据法拉第电解定律将产生的电流换算成 NO_2 浓度，直接进行显示和记录。测定总氮氧化物时，须先让气样通过三氧化铬－石英砂氧化管，将 NO 氧化成 NO_2。

该方法的缺点是 NO_2 在水溶液中还发生副反应，造成 20%～30% 的微电流损失，使测得的电流仅为理论值的 70%～80%。此外，这种仪器连续运行能力较差，维护工作量也较大。

（三）一氧化碳的测定

一氧化碳（CO）是空气中主要污染物之一，它主要来自石油、煤炭燃烧不充分的产物和汽车尾气；一些自然灾害如火山爆发、森林火灾等也是来源之一。

CO 是一种无色、无味的有毒气体，燃烧时呈淡蓝色火焰。它容易与人体血液中的血红蛋白结合，形成碳氧血红蛋白，降低血液输送氧的能力，造成缺氧症。中毒较轻时，会出现头痛、疲倦恶心、头晕等感觉；中毒严重时，则会发生心悸、昏睡、窒息甚至造成死亡。

测定空气中 CO 的方法有非色散红外吸收法、气相色谱法、定电位电解法、汞置换法等。

1. 气相色谱法

用该方法测定空气中 CO 的原理基于空气中的 CO、CO_2 和 CH_4 经 TDX–01 碳分子筛柱分离后，于氢气流中在镍催化剂 [（360 ± 10）℃] 作用下，CO、CO_2 皆能转化为 CH_4，然后用火焰离子化检测器分别测定上述三种物质，其出峰顺序为：CO、CH_4、CO_2。

测定时，先在预定实验条件下用定量管加入各组分的标准气，记录色谱峰，测其峰高，按下式计算定量校正值：

$$K = \frac{\rho_s}{h_s} \qquad (2\text{–}10)$$

式中：K——定量校正值，表示每 mm 峰高代表的 CO（或 CH_4、CO_2）的质量浓度，mg / m^3；

ρ_s——标准气中 CO（或 CH_4、CO_2）的质量浓度，mg / m^3；

h_s——标准气中 CO（或 CH_4、CO_2）的峰高，mm。

在与测定标准气同样条件下测定气样，测量各组分的峰高（h_x），按下式计算 CO（或 CH_4、CO_2）的质量浓度（ρ_x）：

$$\rho_x = h_x \cdot K \qquad (2\text{–}11)$$

为保证催化剂的活性，在测定之前，转化炉应在 360℃下通气 8h；氢气和氮气的纯度应高于 99.9%。

当进样量为 1mL 时，检出限为 0.2mg / m^3。

2. 汞置换法

汞置换法也称间接冷原子吸收光谱法。该方法基于气样中的 CO 与活性氧化汞在 180℃ ~ 200℃会发生反应，置换出汞蒸气，带入冷原子吸收测汞仪测定汞的含量，再换算成 CO 浓度。

空气经灰尘过滤器、活性炭管、分子筛管及硫酸亚汞硅胶管等净化装置除去尘埃、水蒸气、二氧化硫、丙酮、甲醛、乙烯、乙炔等干扰物质后，通过流量计、六通阀，由定量管取样送入氧化汞反应室，被 CO 置换出的汞蒸气随气流进入测量室，吸收低压汞灯发射的 253.7nm 紫外线，用光电倍增管、放大器及显示、记录仪表测出吸光度，以实现对 CO 的定量测定。测量后的气体经碘–活性炭吸附管由抽气泵抽出排放。

第三节　降水、室内环境空气质量与污染源监测

一、降水监测

降水监测的目的是了解在降雨（雪）过程中从空气中降落到地面的沉降物主要组成，某些污染组分的性质和含量，为分析和控制空气污染提供依据。

（一）采样点布设

降水采样点设置数目应视研究目的和区域具体情况确定。我国规定，对于常规监测，人口50万以上的城市布设三个采样点，50万以下的城市布设两个采样点。

采样点的位置要兼顾城区、农村或清洁对照区，要考虑区域的环境特点，如气象、地形、地貌和工业分布等；应避开局部污染源，四周无遮挡雨、雪的高大树木或建筑物。

（二）样品采集

1. 采样器

第一，采集雨水使用聚乙烯塑料桶或玻璃缸，其上口直径为40cm、高为20cm。也可采用自动采样器，将足够数量的、容积相同的采水瓶由高到低依次排列，当第一个采水瓶装满后，则自动关闭，雨水继续流入第二、第三个采水瓶等。

第二，采集雪水用上口直径为50cm以上，高度不低于50cm的聚乙烯塑料容器。

2. 采样方法

一是每次降水开始，立即将清洁的采样器放置在预定的采样点支架上，采集全过程（开始到结束）水样。如遇连续几天降水，每天上午8：00开始，连续采集24h为一次样。

二是采样器应高于基础面1.2m以上。

三是样品采集后，应贴上标签、标上编号，记录采样地点、日期、采样起止时间、降水量等。

降水起止时间、降水量、降水强度等可使用自动降水量计测量。这类仪器由降水量或降水强度传感器、变换器（转换成脉冲信号）、记录仪等组成。

3. 水样的保存

由于降水中含有尘、微生物等微粒，所以，除测定pH和电导率的水样不过滤外，测定金属和非金属离子的水样均须用孔径0.45μm的滤膜过滤。

降水中的化学组分含量一般都很低，易发生物理变化、化学变化和生物作用，故采样

后应尽快测定，如需要保存，一般不应添加保存剂，而应密封后放于冰箱中。

（三）降水组分的测定

1. 测定项目

测定项目应根据监测目的确定，我国环境监测技术规范对降水例行监测要求的测定项目如下：

Ⅰ级测点为：pH、电导率、K^+、Na^4、Ca^{2+}、Mg^{2+}、NH_4^-、SO_4^{2-}、NO_2^-、NO_3^-、F^-、Cl^-；有条件时应加测有机酸（甲酸、乙酸）。对 pH 和降水量，要做到逢雨必测；连续降水超过 24 h 时，每 24h 采集一次降水样品进行分析。在当月有降水的情况下，每月测定不少于 1 次，可随机选一个或几个降水量较大的样品分析上述项目。

省、市监测网络中的Ⅱ、Ⅲ级测点视实际需要和可能决定测定项目。

2. 测定方法

（1）pH 的测定

pH 的测定是酸雨调查最重要的项目。清洁的雨水一般 CO_2 饱和，pH 则为 5.6 ~ 5.7，雨水的 pH 小于该值时即为酸雨。常用测定 pH 的方法为玻璃电极法。

（2）电导率的测定

雨水的电导率大体上与降水中所含离子的浓度成正比，测定雨水的电导率能够快速地推测雨水中溶解性物质总量，一般用电导率仪或电导仪测定。

（3）硫酸根的测定

降水中的 SO_4^{2-} 主要来自气溶胶和颗粒物中可溶性硫酸盐及气态 SO_2 经催化氧化形成的硫酸雾，其一般浓度范围为每升几毫克至 100mg ／ L。该指标用于反映空气被含硫化合物污染的状况。其测定方法有铬酸钡 – 二苯碳酰二肼分光光度法、硫酸钡比浊法、离子色谱法等。

（4）亚硝酸根和硝酸根的测定

降水中的 NO_2 和 NO_3 来源于空气中的 NO_x，是导致降水 pH 降低的原因之一。其测定方法有离子色谱法、盐酸萘乙二胺分光光度法、紫外分光光度法等。

（5）氟离子的测定

降水中 F^- 的含量是反映局部地区氟污染的指标，其测定方法有离子选择电极法、离子色谱法和氟试剂分光光度法等。

（6）氯离子的测定

氯离子是衡量空气中的氯化氢导致降水 pH 降低和判断海盐粒子影响的标志，测定方

法有硫氰酸汞 – 高铁分光光度法、离子色谱法等。

（7）铵离子的测定

空气中的氨进入降水中形成铵离子，它们能中和酸雾，对抑制酸雨是有利的。然而，其随降水进入河流、湖泊后，增加了水中营养组分。测定 NH 的方法有纳氏试剂分光光度法、水杨酸 – 次氯酸盐分光光度法、离子色谱法等。

（8）钾、钠、钙、镁离子的测定

降水中 K^+、Na^+ 的浓度一般在每升几毫克以下，常用原子吸收光谱法、离子色谱法测定。Ca^{2+} 是降水中的主要阳离子之一，其浓度一般在每升几毫克至数十毫克，它对降水中的酸性物质起着关键的中和作用。测定方法有原子吸收光谱法、络合滴定法、偶氮氯膦Ⅲ分光光度法等。

Mg^{2+} 在降水中的质量浓度一般在每升几毫克以下，常用原子吸收光谱法测定。

二、室内环境空气质量监测

室内环境是指工作、生活及其他活动所处的相对封闭的空间，包括住宅、办公室、学校教室、医院、娱乐等室内活动场所，室内环境空气质量与人体健康密切相关。室内空气质量主要关注有毒有害污染因子指标和舒适性指标两大类，目前，我国规定并有参考值的室内空气质量监测项目分为物理、化学、生物和放射性参数。其中，物理性参数包括温度、相对湿度、空气流速、新风量等，主要针对夏季开空调和冬季采暖期时门窗紧闭的情况；化学性参数包括 O_3、NH_3、CO、SO_2、NO_2、甲醛、苯、甲苯、二甲苯、PM_{10}、CO_2、苯并（α）芘、总挥发性有机物（TVOC）等；生物性参数为菌落总数；放射性参数为氡（^{222}Rn）。

（一）采样点布设

采样点的位置与数量根据室内面积与现场情况确定，原则上要能正确反映污染物的污染程度。

具体布点时应按对角线或者梅花形均匀布点，避开通风口，距墙壁大于 0.5m，距门窗大于 1m。与人的呼吸带高度一致，一般为 0.5 ~ 1.5m，也可根据特征人群的高矮（如幼儿园），或者使用功能，人群在室内立、坐或卧时间的长短，确定采样高度。

采样应在对外门窗关闭 12 h 后进行。若室内采用集中空调，空调应正常运转。对于刚装修完的室内环境，采样应在装修完成 7 d 以后进行，一般建议在使用前采样监测。

（二）采样方法和采样装置

根据污染物在室内空气中的存在状态，选择合适的采样方法和采样装置。

1. 采样方法

采样方法主要有筛选法和累积法。筛选法要求在采样前关闭门窗 12h，采样时关闭门窗，至少采样 45min。对于要求年平均值、日平均值和 8h 平均值的参数，先用筛选法采样，若测定结果符合标准要求，则达标。若结果不符合标准要求，再按照年平均值、日平均值和 8h 平均值的要求，采用累积采样法采样，评价测定结果是否达标。

2. 采样装置

如采样袋可用于采集一氧化碳和二氧化碳；气泡吸收管或 U 形多孔玻板吸收管可用于采集二氧化硫、二氧化氮、氨气等气态或气溶胶态污染物；固体吸附管可用于采集总挥发性有机物、甲醛、苯、二甲苯等有机物；滤膜可用于采集颗粒物和苯并（α）芘等。

对总菌落数项目的采样，采用撞击式空气微生物采样器。通过采样动力作用，使空气通过狭缝或小孔而产生高速气流，从而使悬浮在空气中的带菌粒子撞击到营养琼脂平板上。

（三）测定方法

室内环境空气质量中的物理性参数，往往在现场直接测定，具体的测定方法见表 2-1。

表 2-1 室内环境空气质量物理性参数的测定方法

参数	测定方法／测量仪器	测试范围要求	准确度要求
温度	玻璃温度计、数字温度计	$-10℃ \sim 50℃$	$±0.3℃$
相对湿度（RH）	干湿球温度计、氯化锂露点式湿度计、电容式数字湿度计	$12\% \sim 99\%$	$±0.3\%$
空气流速	热球式电风速计、热线式电风速计	$0.01 \sim 20m／s$	$±5\%$
新风量	示踪气体法／袖珍或轻便型气体浓度测定仪	—	—

新风量需要用到无色、无味、使用浓度无毒、安全、环境本底低、易采样、易分析的示踪气体，常用的示踪气体有一氧化碳、二氧化碳、六氟化硫、一氧化氮、八氟环丁烷和三氟溴甲烷。测定时在室内通入适量示踪气体后，将气源移至室外，同时采用摇摆扇搅动空气 3 ~ 5min，使示踪气体分布均匀，再按对角线或梅花形布点采集空气样品，进行现

场测定，用平均法或回归方程法计算空气交换率。

平均法是指当浓度均匀时采样，测定开始时示踪气体的浓度c_0，15min或30min后采样，测定最终示踪气体浓度c_t，按下式计算空气交换律：

$$A = \frac{\ln c_0 - \ln c_t}{t}$$

（2-12）

式中：A——空气交换率，h^{-1}；

c_0，c_t——测量开始时和时间为t时的示踪气体质量浓度，mg／m^3；

t——测量时间，h。

回归方程法是指当浓度均匀时，在30min内按一定时间间隔测量示踪气体浓度，测量频次不少于5次。以浓度的自然对数对应的时间作图，用最小二乘法进行回归计算，回归方程式中的斜率即为空气交换率，具体计算式如下：

$$\ln c_t = \ln c_0 - At$$

（2-13）

新风量的计算见下式：

$$Q = AV$$

（2-14）

式中：Q——新风量，m^3／h；

V——室内空气体积，m^3。

室内空气中细菌总数采用撞击法将空气中的带菌粒子撞击到营养琼脂平板后，将平板置于（36 ± 1）℃的恒温箱中，培养48h，计数菌落数，并根据采样器的流量和采样时间，换算成单位体积空气中的菌落数。

室内空气中氡水平的测定分两步，首先进行筛选测量，快速判定建筑物内是否含有高浓度氡气，若测量结果在400Bq／m^3以上，则应进行第二步的跟踪测量。

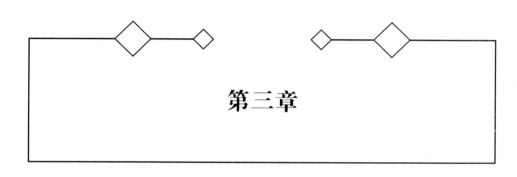

第三章

环境生物及生态监测

第一节　生物监测基础

一、生物监测与生物污染监测

生物监测，又称"生物测定"，是利用生物对环境污染物的敏感性反应来判断环境污染的一种手段。生物监测可补充物理、化学分析方法的不足，如利用敏感植物监测大气污染；应用指示生物群落结构、生物测试及残毒测定等方法，反映水体受污染的情况。

生物污染监测，是指对环境的生物要素受污染的程度进行监测的工作。即生物污染监测的对象是生物体，监测内容是生物体内所含环境污染物。

由于生物的生存与大气、水体、土壤等环境要素息息相关，生物从这些环境要素中摄取营养物质和水分的同时，也摄入了环境污染物并在体内蓄积。因此，生物污染监测结果可在一定程度上反映生物体对环境污染物的吸收、排泄和积累情况，从侧面反映与生物生存相关的大气污染、水体污染及土壤污染的积累性与传递性作用程度。

生物监测的重点在于利用生物个体、种群或群落的状况和变化及其对环境污染或变化所产生的反应，阐明环境污染状况。而生物污染监测的重点在于监测生物体内的环境污染物。二者有一定的联系，其研究对象都是生物，生物污染监测是生物监测的内容之一（生物污染监测的内容在生物监测中常被称为"生物材料检测"）。

二、生物监测的原理

一定条件下，水生生物群落和水环境之间互相联系、互相制约，保持着自然的、暂时的相对平衡关系。污染物进入水环境后，必然作用于水生生物个体、种群和群落，影响水生生态系统中固有生物种群的数量、物种组成及其多样性、稳定性、生产力及生理状况；反之，上述各种不同响应是不同水体污染状况的反映。这种互相作用的结果直观表达或通过一定的数理统计方法使受污染作用的生物反应呈现某些规律性，就是水体污染生物监测的基本原理。

三、生物监测的特点与分类

（一）生物监测的特点

1. 生物监测的优点

第一，能综合、真实地反映环境污染状况，对环境污染做出科学评价。环境污染通常不是由单一污染物引起的，而是多种污染物同时存在形成的复合污染。因此，生物监测可以更真实、更直接地反映出多种污染物在自然条件下对生物的综合影响，从而可以更加客观、全面地评价各种环境状况。

第二，灵敏度高，能发现早期环境污染。某些监测生物对一些污染物非常敏感，它们能够对精密仪器也难测出的一些微量污染物产生反应，并表现出相应的受害反应。此外，有些生物具有很强的富集环境污染物的能力。因此，可以利用这些高敏感、高蓄积生物作为监测生物，及时检测出环境中的微量污染物，作为早期环境污染的报警器。

第三，能连续监测污染史，反映长期的污染效果。理化监测结果只能代表取样期间的某些瞬时污染情况，而生活于一定区域内的生物却可以将该区域长期的污染状况反映出来。

第四，成本低廉、简单易行。生物监测很少要求价格昂贵的仪器，因此，生物监测能用较少的资源（人力和经费）便达到监测环境污染的目的。

2. 生物监测的局限性

生物监测不可避免地会受到监测生物所处环境、监测生物本身的生物学参数及监测人员专业水平等因素的影响。

一是监测生物易受各种环境因素的影响。监测生物所处环境的物理、化学和生物等因素均能使其产生各种反应，这些反应易与人为胁迫引起的反应相互混淆。因此，监测人员有时很难从监测数据中区分自然环境的影响和人为胁迫的影响。

二是可能受到监测生物本身的生物学参数影响。监测生物不同个体间对同一种人为胁迫的反应可能在某种程度上存在差异，这些差异的产生除了受遗传背景影响外，还可能来源于个体的生理状况及发育期不同等因素。

三是费时且难确定环境污染物的实际浓度。监测生物对污染物的反应通常必须在污染物达到其靶位点（器官、组织或细胞），造成生物的正常生理代谢功能紊乱并产生可检测症状（或效应）时才表现出来，这个过程需要一定的时间。此外，在没有精确确定浓度－反应曲线的条件下，仅根据监测生物的反应不能确定特定环境污染物的实际浓度，而只能比较各个监测点（含对照点）之间的相对污染水平。

四是对生物监测人员的专业水平要求较高。监测人员的专业水平，尤其是生物分类基础要扎实，并且具有丰富的实践经验方可成功进行监测。生物分类是生物监测的基础，生物分类的成败影响监测结果的准确性。

（二）生物监测的分类

生物监测的方式很多，可以从以下四个方面分类：

一是按监测生物的层次来分，主要包括形态结构监测、生理生化监测、遗传毒理监测、分子标记方法及生物群落监测等。

二是按监测生物的种类来分，包括动物监测、植物监测和微生物监测等。

三是按环境介质的种类来分，包括水体污染的生物监测、大气污染的生物监测和土壤污染的生物监测等。

四是按监测生物的来源来分，包括被动生物监测（PBM）和主动生物监测（ABM）两种形式。PBM 是利用生态系统中天然存在的生物体、生物群落或部分生物体对污染环境的响应来指示和评价环境质量变化；ABM 是在控制条件下将生物体（放于合适的容器中）移居至监测点进行生态毒理学参数测试。

四、生物对污染物的吸收与体内分布

污染物进入生物体内的途径主要有表面黏附（附着）、生物吸收和生物积累三种形式，由于生物体各部位的结构与代谢活性不同，进入生物体内的污染物分布也不均匀，因此，掌握污染物进入生物体的途径和迁移过程，以及其在各部位的分布特征，对正确采集样品、选择测定方法和获得正确的测定结果是十分重要的。

（一）植物对污染物的吸收及在体内的分布

空气中气态和颗粒态的污染物主要通过黏附、叶片气孔或茎部皮孔侵入方式进入植物体内。例如植物表面对空气中农药、粉尘的黏附，其黏附量与植物的表面积大小、表面性质及污染物的性质、状态有关。表面积大、表面粗糙、有绒毛的植物比表面积小、表面光滑的植物黏附量大；脂溶性或内吸传导性农药，可渗入作物表面的蜡质层或组织内部，被吸收、输导分布到植株汁液中。这些农药在外界条件和体内酶的作用下逐渐降解、消失，但稳定的农药直到作物收获时往往还有一定的残留量。

气态污染物如氟化物，主要通过植物叶面上的气孔进入叶肉组织，首先溶解在细胞壁的水分中，一部分被叶肉细胞吸收，大部分则沿纤维管束组织运输，在叶尖和叶缘中积累，使叶尖和叶缘组织坏死。

土壤或水体中的污染物主要通过植物的根系吸收进入植物体内，其吸收量与污染物的含量、土壤类型及植物品种等因素有关。污染物含量高，植物吸收的就多；在沙质土壤中的吸收率比在其他土质中的吸收率要高；块根类作物比茎叶类作物吸收率高；水生作物的吸收率比陆生作物高。

污染物进入植物体后，在各部位分布和积累的情况与吸收污染物的途径、植物品种、污染物的性质及其作用时间等因素有关。从土壤和水体中吸收污染物的植物，一般分布规律和残留量的顺序是：根＞茎＞叶＞穗＞壳＞种子。也有不符合上述规律的情况，如萝卜的含 Cd 量顺序是地上部分（叶）＞直根；莴苣是根＞叶＞茎。

（二）动物对污染物的吸收及在体内的分布

环境中的污染物一般通过呼吸道、消化管、皮肤等途径进入动物体内。空气中的气态污染物、粉尘从口鼻进入气管，有的可到达肺部，其中，水溶性较大的气态污染物，在呼吸道黏膜上被溶解，极少进入肺泡；水溶性较小的气态污染物，绝大部分可到达肺泡。直径小于 5μm 的尘粒可到达肺泡，而直径大于 10μm 的尘粒大部分被黏附在呼吸道和气管的黏膜上。

水和土壤中的污染物主要通过饮用水和食物摄入，经消化管被吸收。由呼吸道吸入并沉积在呼吸道表面的有害物质，也可以从咽部进入消化管，再被吸收进入体内。

皮肤是保护肌体的有效屏障，但具有脂溶性的物质，如四乙基铅、有机汞化合物、有机锡化合物等，可以通过皮肤吸收后进入动物肌体。动物吸收污染物后，主要通过血液和淋巴系统传输到全身各组织，产生危害。按照污染物性质和进入动物组织类型的不同，大体有以下五种分布规律：

一是能溶解于体液的物质，如钠、钾、锂、氟、氯、溴等离子，在体内分布比较均匀。

二是镧、锑、钍等三价和四价阳离子，水解后生成胶体，主要积累于肝或其他网状内皮系统。

三是与骨骼亲和性较强的物质，如铅、钙、钡、锶、镭、铍等二价阳离子，在骨骼中含量较高。

四是对某一种器官具有特殊亲和性的物质，则在该种器官中积累较多，如碘对甲状腺，汞、铀对肾有特殊的亲和性。

五是脂溶性物质，如有机氯化合物，易积累于动物体内的脂肪中。

上述五种分布类型之间彼此交叉，比较复杂。一种污染物对某一种器官有特殊亲和作用，但同时也分布于其他器官。例如铅离子除分布在骨骼中外，也分布于肝、肾中。同一种元素，由于价态和存在形态不同，在体内积累的部位也有差异。水溶性汞离子很少进入脑组织，但烷基汞不易分解，呈脂溶性，可通过脑屏障进入脑组织。有机污染物进入动物体后，除很少一部分水溶性强、相对分子质量小的污染物可以原形排出外，绝大部分都要经过某种酶的代谢（或转化），增强其水溶性而易于排泄。通过生物转化，多数污染物被转化为惰性物质或解除其毒性，但也有转化为毒性更强的代谢产物的，例如乙基对硫磷（农药）在体内被氧化成对氧磷，其毒性增大。

无机污染物包括金属和非金属污染物，进入动物体后，一部分参与生化代谢过程，转化为化学形态和结构不同的化合物，如金属的甲基化和脱甲基化反应、络合反应等；也有一部分直接积累于细胞各部分。各种污染物经转化后，有的排出体外，也有少量随汗液、乳汁、唾液等分泌液排出，还有的在皮肤的新陈代谢过程中到达毛发而离开肌体。

第二节　生物监测常用方法

微生物的存在离不开环境，而微生物的数量分布和种群组成、理化性状、遗传变异等又是环境状况的综合而客观的反映。因此，利用微生物可以指示环境与监测环境污染现状，特别是一些有害微生物。

一、指示微生物

指示微生物也称为指示菌，是指在常规的环境监测中，用于指示环境样品污染程度，并评价环境污染状况的具有代表性的微生物。

（一）一般污染指示微生物

细菌总数是指环境中被测样品，在一定条件下培养后所得的 1mL 或者 1g 检样中所含的细菌菌落总数。细菌总数主要反映环境中异养型细菌的污染度，也间接反映一般营养性有机物的污染程度。

细菌总数一般采用个／mL、cfm／mL 或 cfu／g 表示。其中，cfu（colony forming unit，集落形成单位）是指单位体积、单位质量检样中菌落形成单位。pfu（plaque forming unit，噬斑形成单位）是指空斑形成单位，用于病毒、蛭弧菌的效价测定。

霉菌和酵母总数是指环境中被测样品经过处理，在一定条件下培养后所得的 1mL 或者 1g 检样中所含的霉菌和酵母菌菌落总数。检测霉菌和酵母菌是从另一生物学层次，反映环境的一般污染。我国在食品、药品和化妆品方面都规定了它们的检出标准。

（二）粪便污染指示菌

总大肠菌群也称为大肠菌群。大肠菌群是一群需氧和兼性厌氧的、能在 37℃培养 24h 内使乳糖发酵产酸产气的革兰氏阴性无芽孢杆菌，包括埃希氏菌属、柠檬酸杆菌属、肠杆菌属、克雷伯氏菌属等。

粪大肠菌群是指能够在 44.5℃（44℃～45℃）发酵乳糖的大肠菌群，也称耐热性大肠菌群。粪大肠菌群也包括同样的 4 个属，但以埃希氏菌属为主。

粪大肠菌群与粪便中大肠杆菌数目直接相关，在外界环境中不易繁殖，作为粪便污染指示菌意义更大。我国目前水质标准中规定的总大肠菌群(cfu／100mL)：饮用水不得检出；游泳池水（个／mL）＜ 18；地表水（个／L）中一级＜ 200、二级＜ 2000、三级＜ 10000。

沙门氏菌属有的专对人类致病，有的只对动物致病，也有的对人和动物都致病。沙门氏菌病是指由各种类型沙门氏菌所引起的对人类、家畜及野生禽兽不同形式的总称。如果感染沙门氏菌的人或带菌者的粪便污染食品，可使人发生食物中毒。

（三）放线菌与真菌

放线菌是一类革兰氏阳性细菌，曾经由于其形态被认为是介于细菌和霉菌之间的物种。放线菌在自然界分布广泛，主要以孢子或菌丝状态存在于土壤、空气和水中，尤其是含水量低、有机物丰富、呈中性或微碱性的土壤中数量最多。放线菌只是形态上的分类，属于细菌界放线菌门。土壤特有的泥腥味，主要是放线菌的代谢产物所致。

真菌是一种真核生物。最常见的真菌是各类蕈类，另外真菌也包括霉菌和酵母。现在已经发现了七万多种真菌，估计只是所有存在的一小半。

放线菌与真菌是环境中常见的菌种，但它们的菌群与群落分布可以反映环境（如土壤、空气等）质量的优劣。

二、微生物监测方法

一个微生物细胞在合适的外界条件下，不断地吸收营养物质，并按自己的代谢方式进行新陈代谢。如果同化作用的速度超过了异化作用，则其原生质的总量（质量、体积、大小）就不断增加，于是出现了个体的生长现象。如果这是一种平衡生长，即各细胞组分是按恰当的比例增长时，则达到一定程度后就会发生繁殖，从而引起个体数目的增加，这时，原有的个体已经发展成一个群体。随着群体中各个个体的进一步生长，就引起了这一群体的生长，这可以其体积、质量、密度或浓度作为指标来衡量。

（一）生长量测定法

一是体积测量法（又称测菌丝浓度法），通过测定一定体积培养液中所含菌丝的量来反映微生物的生长状况。

二是称干重法。可用离心或过滤法测定。一般干重为湿重的 10% ~ 20%。

三是比浊法。微生物的生长引起培养物浑浊度的增高。通过紫外分光光度计测定一定波长下的吸光值，判断微生物的生长状况。

四是菌丝长度测量法。对于丝状真菌和一些放线菌，可在培养基上测定一定时间内菌丝生长的长度，或是利用一只一端开口并带有刻度的细玻璃管，倒入合适的培养基，卧放，在开口的一端接种微生物，一段时间后记录其菌丝生长长度，借此衡量丝状微生物的生长。

（二）微生物计数法

1. 血球计数板法

血球计数板是一种有特别结构刻度和厚度的厚玻璃片，玻璃片上有四条沟和两条峰，中央有一短横沟和两个平台，两峰的表面比两平台的表面高 0.1mm，每个平台上刻有不同规格的格网，中央 0.1mm² 面积上刻有 400 个小方格。通过油镜观察，统计一定大格内微生物的数量，即可算出 1mL 菌液中所含的菌体数。这种方法简便、直观、快捷，但只适宜于单细胞状态的微生物或丝状微生物所产生的孢子进行计数，并且所得结果是包括死细胞在内的总菌数。

2. 染色计数法

为了弥补一些微生物在油镜下不易观察计数，而直接用血球计数板法又无法区分死细胞和活细胞的不足，人们发明了染色计数法。借助不同的染料对菌体进行适当的染色，可以更方便地在显微镜下进行活菌计数。如酵母活细胞计数可用美蓝染色液，染色后在显微镜下观察，活细胞无色，而死细胞为蓝色。

3. 液体稀释法

对未知菌样做连续 10 倍系列稀释，根据估计数，从最适宜的 3 个连续的 10 倍稀释液中各取 5mL 试样，接种 1mL 到 3 组共 15 只装有培养液的试管中，经培养后记录每个稀释度出现生长的试管数，然后查最大自然数（MPN）表得出菌样的含菌数，根据样品稀释倍数计算出活菌含量，该法常用于食品中微生物的检测，如饮用水和牛奶的微生物限量检查。

4. 平板菌落计数法

这是一种最常用的活菌计数法。将待测菌液进行梯度稀释，取一定体积的稀释菌液与合适的固体培养基在凝固前均匀混合，或将菌液涂布于已凝固的固体培养基平板上。保温培养后，用平板上出现的菌落数乘以菌液稀释度，即可计算出原菌液的含菌数。

5. 试剂纸法

在平板计数法的基础上，发展了小型商品化产品以供快速计数用，形式有小型厚滤纸片、琼脂片等。试剂纸法计数快捷、准确，相比而言避免了平板计数法的人为操作误差。

6. 生理指标法

微生物的生长伴随着一系列生理指标发生变化，如酸碱度，发酵液中的含氮量、含糖量、产气量等，与生长量相平行的生理指标很多，可作为生长测定的相对值。其他生理物质的测定，包括 P、DNA、RNA、ATP、NAM（乙酰胞壁酸）等含量，以及产酸、产气、产 CO_2（用标记葡萄糖作基质）、耗氧、黏度、产热等指标，都可用于生长量的测定。也可以根据反应前后的基质浓度变化、最终产气量、微生物活性三方面的测定反映微生物的生长。

三、样品的前处理

（一）所用器皿

对所用器皿、培养基等按照方法要求进行灭菌。所有操作包括稀释过程须在无菌室或无菌操作条件下进行。

（二）水样

采集细菌学检验用水样，必须严格按照无菌操作要求进行；防止在运输过程中被污染，并应迅速进行检验。一般从采样到检验不宜超过 2h；在 10℃ 以下冷藏保存不得超过 6h。

采集江、河、湖、库等水样，可将采样瓶沉入水面下 10 ~ 15cm 处，瓶口朝水流上游方向，使水样灌入瓶内。需要采集一定深度的水样时，用采水器采集。采集自来水样，首先用酒精灯灼烧水龙头灭菌或用体积分数为 70% 的乙醇消毒，然后放水 3min，再采集为采样瓶容积 80% 左右的水量。

一般是直接将水样或稀释水样（如是污水或水样中微生物量太大）注入灭菌平皿中，加培养基即可进行相关的微生物培养实验。

（三）土样

第一，选定取样点，按对角交叉（五点法）取样。先除去表层约 2cm 的土壤，将铲子插入土中数次，然后取 2 ~ 10cm 处的土壤。盛土的容器应是无菌的。将五点样品约 1kg 充分混匀，除去碎石、植物残根等。土样取回后应尽快投入实验，同时取 10 ~ 15g，称量后经 105℃ 烘干 8h，置于干燥器中冷却后再次称量，计算含水量。

第二，制备土壤稀释液，称土样 1g 于盛有 99mL 无菌水或无菌生理盐水并装有玻璃珠的三角烧瓶中，振荡 10 ~ 20min，使土样中的菌体、芽孢或孢子均匀分散，此即为 10^{-2} 浓度的菌悬液。用无菌移液管吸取悬液 0.5mL 于 4.5mL 无菌水试管中，用移液管吹吸 3 次、摇匀，此即为 10^{-3} 浓度。同样方法，依次稀释到 10^{-7}。稀释过程须在无菌室或无菌条件下进行。

（四）空气样品

空气中飘浮着各种微生物，将盛有无菌培养基的平皿放于监测点上，暴露 5min（根据空气中微生物的多少，可以调整时间），空气中的细菌便会落到培养基上，立即带回实验室进行待测微生物培养。

四、细菌总数的测定

（一）水样

每毫升生活饮用水中细菌总数不得超过 100 个。以无菌操作方法用 1mL 灭菌吸管吸取混合均匀的水样（或稀释水样）注入灭菌平皿中，倾注约 15mL 已熔化并冷却到 45℃左右的营养琼脂培养基，并旋摇平皿使其混合均匀。待营养琼脂培养基冷却凝固后，翻转平皿，置于 37℃恒温箱内培养 24h，然后进行菌落计数。用肉眼或借助放大镜观察，对平皿中的菌落进行计数。

（二）土样

将接种的试管或平皿倒置于（36±1）℃恒温箱内培养（48±2）h。到达规定培养时间，应立即计数。如果不能立即计数，应将平板放置于 0℃~4℃，但不得超过 24h。肉眼观察，必要时用放大镜检查。记下各平板的菌落总数，求出同稀释度的各平板平均菌落数。

（三）空气样品

将采集到微生物的培养基带到实验室，在 37℃恒温箱中培养 24h，计数每个平皿表面的菌落数，由于一个菌落由一个细菌繁殖而来，菌落总数便可认为是细菌总数。其具体测定方法基本上与水样相同。

五、大肠菌群测定

大肠菌群的测定可用平板计数法或最大或然数法。

MPN 计数又称稀释培养计数，适用于测定在一个混杂的微生物群落中虽不占优势，但却具有特殊生理功能的类群。其特点是利用待测微生物的特殊生理功能的选择性来摆脱其他微生物类群的干扰，并通过该生理功能的表现来判断该类群微生物的存在和丰度。本法特别适合测定土壤微生物中的特定生理群（如氨化、硝化、纤维素分解、固氮、硫化和反硫化细菌等）的数量和检测污水、牛奶及其他食品中特殊微生物类群（如大肠菌群）的数量；缺点是只适于特殊生理类群的测定，结果也较粗放，只有在因某种原因不能使用平板计数法时才采用。

六、真菌和放线菌

真菌和放线菌虽然也存在于水体中，但不是主要菌群。因此，一般测定真菌与放线菌都与土壤或固定物质有关。对于难降解的天然有机物，如纤维素、木质素、果胶质，真菌和放线菌具有较强的利用能力，另外真菌适合在酸性条件下生存。因此，可以根据土壤中真菌和放线菌的数量变化，判断土壤有机物的组成和 pH 的变化。土壤中真菌和放线菌可以采用稀释倒平板法、涂布平板法、平板划线法测定。

七、其他致病菌种的培养

沙门氏菌属是常常存在于污水中的病原微生物，也是引起水传播疾病的重要来源。由于其含量很低，测定时须先用滤膜法浓缩水样，然后进行培养和平板分离，最后进行生物化学和血清学鉴定，确定一定体积水样中是否存在沙门氏菌。

链球菌（通称粪链球菌）也是粪便污染的指示细菌。这种菌进入水体后，在水中不再自行繁殖，这是它作为粪便污染指示细菌的优点。此外，由于人的粪便中粪大肠菌群多于粪链球菌，而动物的粪便中粪链球菌多于粪大肠菌群，因此，在水质检验时，根据粪大肠菌群与粪链球菌菌数的比值不同，可以推测粪便污染的来源。当该比值大于 7 时为人粪污染；若该比值小于 1 时为动物粪污染；若该比值小于 7 而大于 1 为人畜粪的混合污染。粪链球菌数的测定也采用多管发酵法或滤膜法。

第三节 生态监测

一、生态监测的定义、类型及内容

环境问题不仅仅是污染物引起的人类健康问题，还包括自然环境的保护和生态平衡，以及维持人类繁衍、发展的资源问题。环境监测正从一般意义上的环境污染因子监测向生态监测拓宽，生态监测已成为环境监测的重要组成部分。

（一）生态监测的定义

生态监测是在地球的全部或局部范围内观察和收集生命支持能力数据，并加以分析研究，以了解生态环境的现状和变化。

生态监测是一种综合技术，是通过地面固定的监测站或流动观察队、航空摄影及太空轨道卫星获取包括环境、生物、经济和社会等多方面数据的技术。因此，生态监测是运用具有可比性的方法，在时间或空间上对特定区域范围内生态系统或生态系统组合体的类型、结构、功能及组成要素等进行系统的测定和观察的过程，监测的结果用于评价和预测人类活动对生态系统的影响，为合理利用资源、改善生态环境和自然保护提供决策依据。与其他监测技术相比，生态监测是一种涉及学科多、综合性强和更复杂的监测技术。

（二）生态监测的类型及内容

从不同生态系统的角度出发，生态监测可分为城市生态监测、农村生态监测、森林生态监测、草原生态监测及荒漠生态监测等。这种分类方式突出了生态监测对象的价值尺度，旨在通过生态监测获得关于各生态系统生态价值的现状资料、受干扰（主要指人类活动的干扰）程度、承受影响的能力、发展趋势等。从生态监测的对象及其涉及的空间尺度，可将其分为宏观生态监测和微观生态监测两大类。

只有把宏观和微观两种不同空间尺度的生态监测有机地结合起来，并形成生态监测网，才能全面地了解生态系统受人类活动影响发生的综合变化。

二、生态监测的任务及特点

（一）生态监测的任务

生态监测的任务包括以下六个方面：一是对生态系统现状及因人类活动所引起的重要生态问题进行动态监测；二是对人类的资源开发和环境污染物引起的生态系统组成、结构和功能的变化进行监测，从而寻求符合我国国情的资源开发治理模式及途径；三是对被破坏的生态系统在治理过程中的生态平衡恢复过程进行监测；四是通过监测数据的积累，研究各种生态问题的变化规律及发展趋势，建立数学模型，为预测预报和影响评价打下基础；五是为政府部门制定有关环境法规、进行有关决策提供科学依据；六是支持国际上一些重要的生态研究及监测计划，如 GEMS（全球环境监测系统）、MAB（人与生物圈计划）、ICBP（国际地圈－生物圈计划）等，加入国际生态监测网。

（二）生态监测的特点

生态监测不同于环境质量监测，生态学的理论及检测技术决定了它具有以下四个特点：

1. 综合性

生态监测是一门涉及多学科（包括生物、地理、环境、生态、物理、化学、数学信息和技术科学等）的交叉领域，涉及农、林、牧、副、渔、工等各个生产领域。

2. 长期性

自然界中生态变化的过程十分缓慢，而且生态系统具有自我调控功能，一次或短期的监测数据及调查结果不可能对生态系统的变化趋势做出准确的判断，必须进行长期的监测，通过科学对比，才能对一个地区的生态环境质量进行准确的描述。

3. 复杂性

生态系统是自然界中生物与环境之间相互关联的复杂的动态系统，在时间和空间上具有很大的变异性，生态监测要区分人类的干扰作用（污染物的排放、资源的开发利用等）

和自然变异及自然干扰作用（如干旱和水灾）比较困难，特别是在人类干扰作用并不明显的情况下，许多生态过程在生态学的研究中也不十分清楚，这使得生态监测具有复杂性。

4. 分散性

生态监测平台或生态监测站的设置相隔较远，监测网络的分散性很大。同时由于生态过程的缓慢性，生态监测的时间跨度也很大，所以，通常采取周期性的间断监测。

三、生态监测方案

开展生态监测工作，首先要确定生态监测方案，其主要内容是：明确生态监测的基本概念和工作范围，并制订相应的技术路线，提出主要的生态问题以便进行优先监测，确定我国主要生态类型和微观生态监测的指标体系，依据目前的分析水平，选出常用的监测指标分析方法。

（一）生态监测方案的制订及实施程序

生态监测技术路线和方案的制订大体包含以下几点：资源、生态与环境问题的提出，生态监测平台和生态监测站的选址，监测内容、方法及设备的确定，生态系统要素及监测指标的确定，监测场地、监测频率及周期描述，数据（包括监测数据、实验分析数据、统计数据、文字数据、图形及图像数据）的检验与修正、质量与精度的控制、建立数据库、信息或数据输出、信息的利用（编制生态监测项目报表，针对提出的生态问题进行统计分析、建立模型、动态模拟、预测预报、各种评价、制订规划和政策）。

（二）生态监测平台和生态监测站

生态监测平台是宏观生态监测工作的基础，它以遥感技术作为支持，并具备容量足够大的计算机和宇航信息处理装置。生态监测站是微观生态监测工作的基础，它以完整的室内外分析、观测仪器作为支持，并具备计算机等信息处理系统。生态监测平台及生态监测站的选址必须考虑区域内生态系统的代表性、典型性和对全区域的可控性。一个大的监测区域可设置一个生态监测平台和数个生态监测站。

（三）生态监测频率

生态监测频率应视监测的区域和监测目的而定。一般全国范围的生态环境质量监测和评价应1–2年进行1次；重点区域的生态环境质量监测每年进行1～2次；特定目的的监测如沙尘天气监测和近岸海域的赤潮监测要每天进行1次或数次，甚至采取连续自动监测的方式。

四、生态监测指标及方法

（一）生态监测指标确定原则

选择生态监测指标时应遵循如下原则：一是生态监测指标的确定应根据监测内容充分考虑指标的代表性、综合性及可操作性；二是不同监测站间同种生态系统的监测必须按统一的生态监测指标体系进行，尽量使监测内容具有可比性；三是各监测站可依监测项目的特殊性增加特定的指标，以突出各自的特点；四是生态监测指标体系应能反映生态系统的各个层次和主要的生态环境问题，并应以结构和功能指标为主；五是宏观生态监测可依监测项目选定相应的数量指标和强度指标，微观生态监测指标应包括生态系统的各个组分，并能反映主要的生态过程。

（二）生态监测指标及其质量评价

生态监测指标要体现生态环境的整体性和系统性、本质特征的代表性和环境保护的综合性。

1. 宏观生态监测指标的选择

对于宏观生态监测，一级指标应选：优劣度、稳定度或脆弱度；二级指标应选：生物丰度指数、植被覆盖指数、水网密度指数、土地退化指数、污染负荷指数。各项评价指标赋予的权重并非固定不变，应根据实际情况加以调整。

2. 不同类型生态监测站（各类生态子系统）

地球上的生态系统，从宏观角度可划分为陆地和水生两大生态系统。陆地生态系统包括森林生态系统、草原生态系统、荒漠生态系统和农田生态系统；水生生态系统包括淡水生态系统和海洋生态系统。每种类型的生态系统都具有多样性，它不仅包括了环境要素变化的指标和生物资源变化的指标，还包括人类活动变化的指标。

一般来说，陆地生态监测站（农田生态系统、森林生态系统和草原生态系统等）的指标体系分为气象、水文、土壤、植物、动物和微生物六大要素；水生生态监测站（淡水生态系统和海洋生态系统）的指标体系分为水文气象、水质、底质、游泳动物、浮游植物、浮游动物、微生物、着生藻类和底栖生物九大要素。除上述自然指标外，指标体系的选择要根据生态监测站各自的特点、生态系统类型及生态干扰方式进行，同时兼顾以下三方面：人为指标（人文景观、人文因素等）、一般监测指标（常规生态监测指标、重点生态监测指标等）和应急监测指标（包括自然因素和人为因素造成的突发性生态问题）。

（三）生态监测指标的监测方法

根据各类生态系统监测指标的内容，所用监测方法分为水文、气象参数观测法，理化参数测定法，生物调查和生物测定法等不同类型，可分别选用相应规范化方法测定。如无规范化方法，可从相关的监测资料中选择适宜的方法测定。

各生态监测站相同的监测指标应按统一的采样、分析和测定方法进行，以便各监测站间的数据具有可比性和可交流性。

（四）生态监测技术

生态监测应以空中遥感监测为主要技术手段，地面对应监测为辅助措施，结合地理信息系统 GIS 和 GPS 技术，完善生态监测网，建立完整的生态监测指标体系和评价方法，达到科学评价生态环境状况及预测其变化趋势的目的。目前，应用的生态监测方法有地面监测、空中监测和卫星监测方法，以及一些新技术、新方法。

1. 地面监测方法

在所监测区域建立固定监测站，由人徒步或车、船等交通工具按规定的路线进行定期测量和收集数据。它只能收集几千米到几十千米范围内的数据，而且费用较高，但这是最基本也是不可缺少的手段。地面监测采样线一般沿着现存的地貌，如小路、家畜和野畜行走的小道。采样点设在这些地貌相对不受干扰一侧的生境点上，监测断面的间隔为 0.5 ~ 1.0km。收集数据包括植物物候现象、高度、物种、种群密度、草地覆盖，以及生长阶段、生长密度、木本植物的覆盖；观察动物活动、生长、生殖、粪便及残余食物等。

2. 空中监测方法

一般采用 4 ~ 6 架单引擎轻型飞机，每架飞机由 4 人执行任务：驾驶员、领航员和两名观察记录员。首先绘制工作区域图，将坐标图覆盖所研究区域，典型的坐标是 10km×10km 一小格。飞行速度大约 150km／h，高度大约 100m，观察记录员前方有一观察框，视角约 90°，观察地面宽度约 250m。现在还有无人机可以载有摄像系统与记录设备进行特定区域的空中对地面的观测，数据可即时传输给地面台站处理，加以补充观测，也可一次性完成观测。

3. 卫星监测方法

利用地球资源卫星监测大气、农作物生长状况、森林病虫害、空气和地表水的污染情况等。例如在地球上空 900km 轨道上运行的地球资源卫星，每隔 18d 通过地球表面同一地点 1 次，从传感器获得照片或图像，其分辨率可达 10m。通过解析图片可获得所需资料，将不同时间、同一地点的图片进行分析，可监测油轮倾覆后油污染扩散情况、牧场草地随季节的变化，以及进行大范围内季节性生产力的评估等。

卫星监测的最大优点是覆盖面广，可以获得人难以到达的高山、丛林的资料。由于目前资料来源增加，因而费用相对降低。但这种监测方法难以了解地面的细微变化。因此，地面监测、空中监测和卫星监测须相互配合才能获得完整的资料。

4. "3S" 技术

生态监测是以宏观监测为主，宏观监测和微观监测相结合的工作。对结构与功能复杂的宏观生态环境进行监测，必须采用先进的技术手段。其中，生态监测平台是宏观生态监测的基础，它必须以 "3S" 技术作为支持。"3S" 技术即遥感（Remote Sensing，RS）、全球定位系统（Global Positioning System，GPS）与地理信息系统（Geographic Information System，GIS）三项技术的集合。

遥感包括卫星遥感和航空遥感。它可以提供的生态环境信息为：土地利用与土地覆盖信息（几何精度可有 30m、10m、5m、1m 不同级别）；生物量信息（植被种类、长势、数量分布）；大气环流及大气沙尘暴信息、气象信息（云层厚度、高度、水蒸气含量、云层走势等）。遥感具有观测范围广、获取信息量大、速度快、实用性好及动态性强等特点，可以节约大量的人力、物力、资金和时间，以较少的投入获得常规方法难以获得的资料，这些资料受人为因素的影响较小，比较可靠。

全球定位系统是利用便携式接收机与均匀分布在空中的 24 颗卫星中的 4 颗进行无线电测距而对地面进行三维定位的测试技术。测试点的精度分为十米级、米级、亚米级多种，测试速度可达 1m / 点，全年可以满足生态环境实地调查的需要。还可用于实时定位，为遥感实况数据提供空间坐标，用于建立实况环境数据库，并同时为遥感实况数据发挥校正、检核的作用。

地理信息系统是将各类信息数据进行集中存储、统一管理、全方位空间分析的计算机系统。使用这项技术，可以结合遥感、全球定位系统的数据和多种地面调查数据，按照各种生态模型，测算各种生态指数，预报、统计沙尘暴的发生、发展走向及危害覆盖区域。这一技术还可以在生态环境机理研究的基础上，构建机理模型，定量、可视化地模拟生态演化过程，在计算机上进行虚拟调控实验。

以上三项技术形成了对地球进行空间观测、空间定位及空间分析的完整技术体系。它能反映全球尺度的生态系统各要素的相互关系和变化规律，提供全球或大区域精确定位的宏观资源与环境影像，揭示岩石圈、水圈、大气圈和生物圈的相互作用和关系。

"3S" 技术是宏观生态监测发展的方向，也是其发展的技术基础，在今后较长的一个时期内，遥感将在生态监测中得到最广泛的应用，地理信息系统作为"3S"技术的核心将发挥更大的作用。传统的监测手段只能解决局部问题，而综合且准确、完整的监测结果必然要依赖"3S"技术。利用"3S"技术进行生态监测时还要注意 RS、GPS、GIS 三项技术的结合，单独利用其中任何一项技术很难对生态环境进行综合监测和评价。

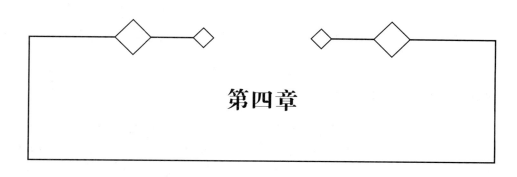

第四章

水生态系统修复

第一节 水生态保护与修复

一、生物多样性保护技术

（一）生物多样性丧失的原因

物种灭绝给人类造成的损失是不可弥补的。物种灭绝与自然因素有关，更与人类的行为有关。

1. 栖息地的破坏和生境片段化

由于工农业的发展，围湖造田、森林破坏、城市扩大、水利工程建设、环境污染等的影响，生物的栖息地急剧减少，导致许多生物逐渐濒危和灭绝。森林是世界上生物多样性最丰富的生物栖居场所。仅南美洲的亚马孙河的热带雨林就聚集了地球生物总量的1／5。公元前700年，地球约有2／3的表面为森林所覆盖，而目前世界森林覆盖率不到1／3，热带雨林的减少尤为严重。由于生境破坏而导致的生境片段化形成的生境岛屿对生物多样性减少的影响更大，这种影响间接导致生物的灭绝。如森林的不合理砍伐，导致森林的不连续性斑块状分布，即所谓的"生境岛屿"，一方面，使残留的森林的边缘效应扩大，原有的生境条件变得恶劣；另一方面，改变了生物之间的生态关系，如生物被捕食、被寄生的概率增大。这两方面都间接地加速了物种的灭绝。由于人们采集过度，不少名贵的药用植物如人参、杜仲、石斛、黄芷和天麻等已经濒临绝迹。

2. 资源的不合理利用

农、林、牧、渔及其他领域的不合理的开发活动直接或间接地导致了生物多样性的减少。自20世纪50年代，"绿色革命"中只要出现产量或品质方面独具优势的品种，就会被迅速推广传播，继而很快排挤了本地品种。这种遗传多样性丧失造成农业生产系统抵抗力下降，而且随着作物种类的减少，当地固氮菌、捕食者、传粉者、种子传播者，以及其他一些传统农业系统中经过几世纪共同进化的物种消失了。在林区，快速和全面地转向单优势种群的经济作物，正演绎着同样的故事。在经济利益的驱动下，水域中的过度捕捞，牧区的超载放牧，对生物物种的过度捕猎和采集等掠夺式利用方式，使生物物种难以正常繁衍。

3. 生物入侵

人类有意或无意地引入一些外来物种，会破坏景观的自然性和完整性，物种之间缺乏相互制约，导致一些物种的灭绝，影响遗传多样性，使农业、林业、渔业或其他方面的经济遭受损失。在全世界濒危植物名录中，有 35% ～ 46% 的物种的濒危是部分或完全由外来物种入侵引起的。如澳大利亚袋狼灭绝的原因除了人为捕杀外，还有家犬的引入，家犬引入后产生野犬，种间竞争导致袋狼数量下降。

4. 环境污染

环境污染对生物多样性的影响除了使生物的栖息环境恶化，还直接威胁着生物的正常生长发育。农药、重金属等在食物链中的逐级浓缩、传递严重危害着食物链上端的生物。

（二）保护生物多样性

保护生物多样性必须在遗传、物种和生态系统三个层次上都进行保护。保护的内容主要包括：一是对那些面临灭绝的珍稀濒危物种和生态系统的绝对保护；二是对数量较大的可以开发的资源进行可持续的合理利用。

保护生物多样性，主要可以从以下四个方面入手：

1. 就地保护

就地保护主要是就地设立自然保护区、国家公园、自然历史纪念地等，将有价值的自然生态系统和野生生物环境保护起来，以维持和恢复物种群体所必需的生存、繁衍与进化的环境，限制或禁止捕猎和采集，控制人类的其他干扰活动。

2. 迁地保护

迁地保护就是通过人为努力，把野生生物物种的部分种群迁移到适当的地方加以人工管理和繁殖，使其种群能不断有所扩大。迁地保护适合受到高度威胁的动植物物种的紧急拯救，如利用植物园、动物园、迁地保护基地和繁育中心等对珍稀濒危动植物进行保护。由于我国在珍稀动物的保存和繁育技术方面不断取得进展，许多珍稀濒危动物可以在动物园进行繁殖，如大熊猫、东北虎、华南虎、雪豹、黑颈鹤、丹顶鹤、金丝猴、扬子鳄、扭角羚、黑叶猴等。

3. 离体保护

在就地保护及迁地保护都无法实施保护的情况下，生物多样性的离体保护应运而生。通过建立种子库、精子库、基因库，对生物多样性中的物种和遗传物质进行离体保护。

4. 放归野外

我国对养殖繁育成功的濒危野生动物，逐步放归自然进行野化，例如麋鹿、东北虎、野马的放归野化工作已开始，并取得一定成效。

保护生物多样性是我们每一个公民的责任和义务。善待众生首先要树立良好的行为规范，不参与乱捕滥杀、乱砍滥伐的活动，拒绝吃野味，还要广泛宣传保护物种的重要性，坚决同破坏物种资源的现象做斗争。

此外，健全法律法规、防治污染、加强环境保护宣传教育和加大科学研究力度等也是保护生物多样性的重要途径。

二、湖泊生态系统的修复

（一）湖泊生态系统修复的生态调控措施

治理湖泊的方法有：物理方法如机械过滤、疏浚底泥和引水稀释等；化学方法如杀藻剂杀藻等；生物方法如放养鱼等；物化法如木炭吸附藻毒素等。各类方法的主要目的是降低湖泊内的营养负荷，控制过量藻类的生长。

1. 物理、化学措施

在控制湖泊营养负荷实践中，研究者已经发明了许多方法来降低湖泊内部的磷负荷，例如通过水体的有效循环，不断干扰温跃层，该不稳定性可加快水体与DO（溶解氧）、溶解物等的混合，有利于水质的修复。削减浅水湖的沉积物，采用铝盐及铁盐离子对分层湖泊沉积物进行化学处理，向深水湖底层充入氧或氮。

2. 水流调控措施

湖泊具有水"平衡"现象，它影响着湖泊的营养供给、水体滞留时间及由此产生的湖泊生产力和水质。若水体滞留时间很短，如在10d以内，藻类生物量不可能积累。水体滞留时间适当时，既能大量提供植物生长所需营养物，又有足够时间供藻类吸收营养促进其生长和积累。如有足够的营养物和100d以上到几年的水体滞留时间，可为藻类生物量的积累提供足够的条件。因此，营养物输入与水体滞留时间对藻类生产的共同影响，成为预测湖泊状况变化的基础。

为控制浮游植物的增加，使水体内浮游植物的损失超过其生长，除对水体滞留时间进行控制或换水外，增加水体冲刷及其他不稳定因素也能实现这一目的。由于在夏季浮游植物生长不超过3~5d，因此，这种方法在夏季不宜采用。但是，在冬季浮游植物生长慢的时候，冲刷等流速控制方法可能是一种更实用的修复措施，尤其对于冬季藻青菌浓度相对较高的湖泊十分有效。冬季冲刷之后，藻类数量大量减少，次年早春湖泊中大型植物就可成为优势种属。这一措施已经在荷兰一些湖泊生态系统修复中得到广泛应用，且取得了较好的效果。

3. 水位调控措施

水位调控已经被作为一类广泛应用的湖泊生态系统修复措施。这种方法能够促进鱼类活动，改善水鸟的生境，改善水质，但由于娱乐、自然保护或农业等因素，有时对湖泊进行水位调节或换水不太现实。

由于自然和人为因素引起的水位变化，会涉及多种因素，如湖水浑浊度、水位变化程度、波浪的影响（与风速、沉积物类型和湖的大小有关）和植物类型等，这些因素的综合作用往往难以预测。一些理论研究和经验数据表明，水深和沉水植物的生长存在一定关系。即如果水过深，植物生长会受到光线限制；如果水过浅，频繁的再悬浮和较差的底层条件，会使得沉积物稳定性下降。

通过影响鱼类的聚集，水位调控也会对湖水产生间接的影响。在一些水库中，有人发现改变水位可以减少食草鱼类的聚集，进而改善水质。而且，短期的水位下降可以促进鱼类活动，减少食草鱼类和底栖鱼类数量，增加食肉性鱼类的生物量和种群大小。这可能是因为低水位生境使受精鱼卵干涸而无法孵化，或者增加了被捕食的危险。

此外，水位调控还可以控制损害性植物的生长，为营养丰富的浑浊湖泊向清水状态转变创造有利条件。浮游动物对浮游植物的取食量由于水位下降而增加，改善了水体透明度，为沉水植物生长提供了良好的条件。这种现象常常发生在富含营养底泥的重建性湖泊中。该类湖泊营养物浓度虽然很高，但由于含有大量的大型沉水植物，在修复后一年之内很清澈，然而几年过后，便会重新回到浑浊状态，同时伴随着食草性鱼类的迁徙进入。

4. 大型水生植物的保护和移植

因为水生植物处于初级生产者的地位，由于藻类和水生高等植物同处于初级生产者的地位二者相互竞争营养、光照和生长空间等生态资源，所以，水生植物的生长及修复对富营养化水体的生态修复具有极其重要的地位和作用。

围栏结构可以保护大型植物免遭水鸟的取食，这种方法也可以作为鱼类管理的一种替代或补充方法。围栏能提供一个不被取食的环境，大型植物可在其中自由生长和繁衍。另外，植物或种子的移植也是一种可选的方法。

5. 生物操纵与鱼类管理

生物操纵即通过去除浮游生物捕食者或添加食鱼动物降低以浮游生物为食的鱼类的数量，使浮游动物的体形增大、生物量增加，从而提高浮游动物对浮游植物的摄食效率，降低浮游植物的数量。生物操纵可以通过许多不同的方式来克服生物的限制，进而加强对浮游植物的控制，利用底栖食草性鱼类减少沉积物再悬浮和内部营养负荷。

需要注意的是，在富营养化湖中，鱼类数目减少通常会引发一连串的短期效应。浮游植物生物量的减少改善了透明度。小型浮游动物遭鱼类频繁捕食，使叶绿素 a 与 TP 总磷含量的比率常常很高，管理导致鱼类营养水平降低。

在浅的分层富营养化湖泊中进行的实验中，总磷浓度下降 30% ~ 50%，水底微型藻类的生长通过改善沉积物表面的光照条件，刺激了无机氮和磷的混合。由于捕食率高（特别是在深水湖中），水底藻类、浮游植物不会沉积太多，低捕食压力下更多的水底动物最终会导致沉积物表面更高的氧化还原作用，这就减少了磷的释放，进一步加快了硝化－脱氮作用。此外，底层无脊椎动物和藻类可以稳定沉积物，因此，减少了沉积物再悬浮的概率。更低的鱼类密度减轻了鱼类对营养物浓度的影响。而且，营养物随着鱼类的运动而移动，随着鱼类而移动的磷含量超过了一些湖泊的平均含量，相当于 20% ~ 30% 的平均外部磷负荷，这与富营养湖泊中的内部负荷相比还是很低的。

6. 适当控制大型沉水植物的生长

虽然大型沉水植物的重建是许多湖泊生态系统修复工程的目标，但密集植物床在营养化湖泊中出现时也有危害性，如降低垂钓等娱乐价值，妨碍船的航行等。此外，生态系统的组成会由于入侵物种的过度生长而发生改变，如欧亚孤尾藻在美国和非洲的许多湖泊中已对本地植物构成严重威胁。对付这些危害性植物的方法包括特定食草昆虫如象鼻虫和食草鲤科鱼类的引入、每年收割、沉积物覆盖、下调水位或用农药进行处理等。

通常，收割和水位下降只能起短期的作用，因为这些植物群落的生长很快而且外部负荷高。但引入食草鲤科鱼类的作用很明显，因此，目前世界上此方法应用最广泛，但该类鱼过度取食又可能使湖泊由清澈转为浑浊状态。另外，鲤鱼不好捕捉，这种方法也应该谨慎采用。实际应用过程中很难达到大型沉水植物的理想密度以促进群落的多样性。

大型植物蔓延的湖泊中，经常通过挖泥或收割的方式来达到其数量的削减。这可以提高湖泊的娱乐价值，提高生物多样性，并对肉食性鱼类有好处。

7. 蚌类与湖泊的修复

蚌类是湖泊中有效的滤食者，有时大型蚌类能够在短期内将整个湖泊的水过滤一次。但在浑浊的湖泊很难见到它们的身影，这可能是由于它们在幼体阶段即被捕食。这些物种的再引入对于湖泊生态系统修复来说切实有效，但到目前为止没有得到重视。

19 世纪时，斑马蚌进入欧洲，当其数量足够大时会对水的透明度产生重大影响，已有实验表明其重要作用。基质条件的改善可以提高蚌类的生长速度。蚌类在改善水质的同时也增加了水鸟的食物来源，但也不排除产生问题的可能。如在北美，蚌类由于缺乏天敌而迅速繁殖，已经达到很大的密度，大量的繁殖导致了五大湖近岸带叶绿素 a 与 TP 的比率大幅度下降，加之恶臭水输入湖泊，从而让整个湖泊生态系统产生难以控制的影响。

（二）陆地湖泊生态修复的方法

湖泊生态修复的方法，总体而言可以分为外源性营养物种的控制措施和内源性营养物质的控制措施两大部分。

1. 外源性方法

（1）截断外来污染物的排入

湖泊污染、富营养化基本上是由于外来物质的输入。因此，要采取如下三个措施进行截污：首先，对湖泊进行生态修复的重要环节是实现流域内废、污水的集中处理，使之达标排放，从根本上截断湖泊污染物的输入。其次，对湖区来水区域进行生态保护，尤其是植被覆盖率低的地区，要加强植树种草，扩大植被覆盖率，目的是对湖泊产水区的污染物削减净化，从而减少来水污染负荷。因为，相对于较容易实现截断控制的点源污染，面源污染量大、分布广，尤其主要分布在农村地区或山区，控制难度较大。最后，应加强监管，严格控制湖滨带度假村、餐饮的数量与规模，并监管其废、污水的排放。对游客产生的垃圾，要及时处理，尤其要采取措施防治隐蔽处的垃圾产生。规范渔业养殖及捕捞，退耕还湖，保护周边生态环境。

（2）恢复和重建湖滨带湿地生态系统

湖滨带湿地是水陆生态系统间的一个过渡和缓冲地带，具有保持生物多样性、调节相邻生态系统稳定、净化水体、减少污染等功能。建立湖滨带湿地，恢复和重建湖滨水生植物，可利用其截留、沉淀、吸附和吸收作用，净化水质，控制污染物。同时，能够营造人水和谐的亲水空间，也为两栖水生动物修复其生长空间及环境。

2. 内源性方法

（1）物理方法

①引水稀释

通过引用清洁外源水，对湖水进行稀释和冲刷。这一措施可以有效地降低湖内污染物的浓度，提高水体的自净能力。这种方法只适用于可用水资源丰富的地区。

②底泥疏浚

多年的自然沉积，湖泊底部积聚了大量的淤泥。这些淤泥富含营养物质及其他污染物质，如重金属能为水生生物生长提供营养物质来源，而底泥污染物释放会加速湖泊的富营养化进程，甚至引起水华的发生。因此，疏浚底泥是一种减少湖泊内营养物质来源的方法。

但施工中必须注意防止底泥的泛起，对移出的底泥也要进行合理的处理，避免二次污染的发生。

③底泥覆盖

底泥覆盖的目的与底泥疏浚相同，均在于减少底泥中的营养盐对湖泊的影响，但这一方法不是将底泥完全挖出，而是在底泥层的表面铺设一层渗透性小的物质，如生物膜或卵石，可以有效减少水流扰动引起底泥翻滚的现象，抑制底泥营养盐的释放，提高湖水清澈度，促进沉水植物的生长。但需要注意的是，铺设透水性太差的材料，会严重影响湖泊固有的生态环境。

④其他一些物理方法

除了以上三种较成熟、简便的措施外，还有其他一些新技术投入应用，如水力调度技术、气体抽提技术和空气吹脱技术。水力调度技术是根据生物体的生态水力特性，人为营造出特定的水流环境和水生生物所需的环境，来抑制藻类大量繁殖；气体抽取技术是利用真空泵和井，将受污染区的有机物蒸气或转变为气相的污染物，从湖中抽取，收集处理；空气吹脱技术是将压缩空气注入受污染区域，将污染物从附着物上去除，结合提取技术可以取得较好效果。

（2）化学方法

化学方法就是针对湖泊中的污染特征，投放相应的化学药剂，应用化学反应除去污染物质而净化水质的方法。常用的化学方法有：针对磷元素超标，可以通过投放硫酸铝 [$Al_2(SO_4)_3 \cdot 18H_2O$]，去除磷元素；针对湖水酸化，通过投放石灰来进行处理；针对重金属元素，常常投放石灰和硫化钠等；投放氧化剂来将有机物转化为无毒或者毒性较小的化合物，常用的有二氧化氯、次氯酸钠或者次氯酸钙、过氧化氢、高锰酸钾和臭氧。但需要注意的是，化学处理方法虽然操作简单，但费用较高，而且容易造成二次污染。

（3）生物方法

生物方法也称生物强化法，主要是依靠湖水中的生物，增强湖水的自净能力，从而达到恢复整个生态系统的方法。

①深水曝气技术

当湖泊出现富营养化现象时，往往是水体溶解氧大幅降低，底层甚至出现厌氧状态。深水曝气便是通过机械方法将深层水抽取上来，进行曝气，之后回灌，或者注入纯氧和空气，使得水中的溶解氧增加，改善厌氧环境为好氧环境，使藻类数量减少，水华程度明显减轻。

②水生植物修复

水生植物是湖泊中主要的初级生产者之一，往往是决定湖泊生态系统稳定的关键因素。水生植物生长过程中能将水体中的富营养化物质如氮、磷元素吸收、固定，既满足生长需要，又能净化水体。但修复湖泊水生植物是一项复杂的系统工程，需要考虑整个湖泊现有的水质、水温等因素，确定适宜的植物种类，采用适当的技术方法，逐步进行恢复。具体的技术方法有：第一，人工湿地技术。通过人工设计建造湿地系统，适时适量收割植物，将营养物质移出湖泊系统，从而达到修复整个生态系统的目的。第二，生态浮床技术。采用无土栽培技术，以高分子材料为载体和基质（如发泡聚苯乙烯），综合集成的水面无土种植植物技术，既可种植经济作物，又能利用废弃塑料，同时不受光照等条件限制，应用效果明显。这一技术与人工湿地的最大优势就在于不占用土地。第三，前置库技术。前置库是位于受保护的湖泊水体上游支流的天然或人工库（塘）。前置库不仅可以拦截暴雨径流，还具有吸收、拦截部分污染物质、富营养物质的功能。在前置库中种植适合的水生植物能有效地达到这一目标。这一技术与人工湿地类似，但位置更靠前，处于湖泊水体主体之外。水生植物修复方法，能较为有效地恢复水质，而且投入较低，实施方便，但由于水生植物有一定的生命周期，应该及时予以收割处理，减少因自然凋零腐烂而引起的二次污染。同时选择植物种类时也要充分考虑湖泊自身生态系统中的品种，避免因引入物质不当而引起的入侵。

③水生动物修复

主要利用湖泊生态系统中的食物链关系，通过调节水体中生物群落结构的方法来控制水质。主要是调整鱼群结构，针对不同的湖泊水质问题类型，在湖泊中投放、发展某种鱼类，抑制或消除另外一些鱼类，使整个食物网适合鱼类自身对藻类的捕食和消耗，从而改善湖泊环境。比如通过投放肉食性鱼类来控制浮游生物食性鱼类或底栖生物食性鱼类，从而控制浮游植物的大量生长；投放植食（滤食）性鱼类，影响浮游植物，控制藻类过度生长。水生动物修复方法成本低廉，无二次污染，同时可以收获水产品，在较小的湖泊生态系统中应用效果较好。但对大型湖泊，由于其食物链、食物网关系复杂，需要考虑的因素较多，应用难度相应增加，同时也需要考虑生物入侵问题。

④生物膜技术

这一技术指根据天然河床上附着生物膜的过滤和净化作用，应用表面积较大的天然材料或人工介质为载体，利用其表面形成的黏液状生态膜，对污染水体进行净化。由于载体上富集了大量的微生物，能有效拦截、吸附、降解污染物质。

三、河流生态系统的修复

（一）自然净化修复

自然净化是河流的一个重要特征，指河流受到污染后能在一定程度上通过自然净化能力使河流恢复到受污染以前的状态。污染物进入河流后，在水流中有机物经微生物氧化降解，逐渐被分解，最后变为无机物，并进一步被分解、还原，离开水相，使水质得到恢复，这是水体的自净作用。水体的自净作用包括物理、化学及生物学过程，通过改善河流水动力条件、提高水体中有益菌的数量等，有效提高水体的自净作用。

（二）植被修复

恢复重建河流岸边带湿地植物及河道内的多种生态类型的水生高等植物，可以有效提高河岸抗冲刷强度、河床稳定性，也可以截留陆源的泥沙及污染物，还可以为其他水生生物提供栖息、觅食、繁育场所，改善河流的景观功能。

在水工、水利安全许可的前提下，尽可能地改造人工砌护岸、恢复自然护坡，恢复重建河流岸边带湿地植物，因地制宜地引种、栽培多种类型的水生高等植物。在不影响河流通航、泄洪排涝的前提下，在河道内也可引种沉水植物等，以提高水环境质量。

（三）生物－生态修复技术

生物－生态修复技术是通过微生物的接种或培养，实现水中污染物的迁移、转化和降解，从而提高水环境质量；同时，引种各种植物、动物等，调整水生生态系统结构，强化生态系统功能，进一步消除污染，维持优良的水环境质量和生态系统的平衡。

从本质上说，生物－生态修复技术是对自然恢复能力和自净能力的一种强化。生物－生态修复技术必须因地制宜，根据水体污染特性、水体物理结构及生态结构特点等，将生物技术、生态技术合理组合。

常用的技术包括生物膜技术、固定化微生物技术、高效复合菌技术、植物床技术和人工湿地技术等。

生物－生态技术的组合对河流的生态修复，从消除污染着手，不断提高生境，为生态修复重建奠定基础，而生态系统的构建，又为稳定和维持环境质量提供保障。

（四）生物群落重建技术

生物群落重建技术是利用生态学原理和水生生物的基础生物学特性，通过引种、保护和生物操纵等技术措施，系统地重建水生生物多样性。

第二节　湿地生态修复

一、湿地修复目标

湿地修复目标的设定应针对湿地退化的具体原因、退化程度及发展趋势来开展。恢复目标必须具有明确的针对性、可行性和可操作性。根据不同地域条件，不同经济社会状况、文化背景的要求，湿地修复目标也会不同。修复目标的确立还必须考虑空间尺度，如流域尺度、景观尺度等。湿地修复目标主要包括以下四个方面：

（一）生物物种保育与恢复

湿地是生命的摇篮，是生物物种（尤其是湿地生物）的重要栖息地。湿地修复是保护湿地生物物种资源最直接、有效的途径。湿地修复目标很多时候都是针对珍稀濒危特有生物物种及关键种，实施就地保护及其生境恢复。生物物种保育与恢复重点针对湿地动植物，其具体目标包括：一是乡土物种及其群落结构的恢复；二是生态系统关键物种的恢复；三是珍稀濒危特有物种恢复等。

（二）生态完整性恢复

湿地退化表现在湿地生态系统组分缺失（生物组分缺失、食物链重要环节缺失等）、结构不完整或被破坏、生态过程受到干扰或破坏。生态完整性恢复目标包括：一是湿地生态系统组分及结构恢复重建，如湿地植被恢复、重建完整的食物网结构；二是主要生态过程得到恢复，如初级生产过程、营养物质循环、水文过程、沉积物冲淤动态平衡过程等。

（三）自然水系及水文恢复

水文决定着湿地植被类型及水生生物群落的生存和分布，湿地退化与水文特征的改变密切相关，如修建水坝、修筑堤坝、河道渠化、任意取水调水、过度排水等。自然水系及水文恢复目标包括：一是恢复自然水系格局、自然水道，如河流、潮沟等形态与结构特征；二是恢复水文连通性，如河湖连通，河流的纵向、侧向和垂向连通等；三是恢复自然水文水动力过程，如自然水位变动、洪泛持续时间和频度、洪水格局等；四是恢复生态流量。

（四）生态系统服务功能恢复与优化

湿地的生态系统服务功能多样，伴随湿地结构的破坏，湿地重要的生态系统服务功能也逐步退化甚至丧失。生态系统服务功能的恢复和优化是湿地修复的重要目标。湿地生态系统服务功能恢复与优化的目标包括：一是恢复水质净化功能；二是洪水调蓄及水资源供给功能；三是气候调节和改善功能；四是生物生产功能；五是栖息地及生物多样性维持功能；六是景观及文化功能等。

湿地功能与结构紧密相连，在湿地修复设计中特别强调"重形态、重结构，更重功能"。湿地功能设计与湿地结构设计密切相关，我们必须搞清楚某一特定湿地功能恢复所关联的相应湿地结构，当重建湿地的自然结构（如植物群落结构、地形格局、水文结构等）时，相应的生态功能就能得到恢复。

二、湿地修复技术

湿地修复工程的设计和实施是湿地修复工作中最为重要的环节，工程实施前必须由专业机构进行规划设计，主要包括水文和水环境修复、基底结构与土壤修复、植被恢复、生境恢复四个方面。

（一）水文和水环境修复

水文和水环境修复是湿地修复的关键环节。水文修复主要是通过维持水文连通性、满足生态需水量、改变水流形态和调控水位等方法实现；水环境修复内容包括泥沙沉淀、水质改善、面源污染防控等。

1. 水文连通技术

水文连通主要是通过拆除纵横向挡水建构筑物，修建引水沟渠、桥涵、水闸、泵站，底泥（生态）疏浚等技术实现。

（1）拆除纵横向挡水建构筑物

拆除纵横向挡水建构筑物，贯通修复区内部水系，并使其与周边水系相连，形成沟通完善的水体网络。

在相邻接的水体间通过拆除纵向挡水建构筑物，实现水文连通。如拆除河流水坝，实现河流纵向水文连通。在河流、湖泊、水库沿岸，通过拆除堤坝，合理利用洪水脉冲，实现河流侧向的水文连通和生态联系。在滨海盐沼恢复中，运用堤坝开口方式向被围垦土地中重新引入潮汐，并在盐沼潮上带挖掘露出已被填埋的潮沟，以增强潮汐与沼泽的水文联系。

（2）修建桥涵、水闸、泵站

桥涵是泄水建筑物，其规模决定着通过水量的大小；水闸对水流起着控制作用，水闸建设保证了水体水文连通；泵站则是修建在河流、湖泊或平原水库岸边的泵站建筑物，通过与输水河道、输水管渠相连，实现水体水文连通。选择站址要考虑水源（或承泄区），包括水流、泥沙等条件。

（3）修建引水沟渠

以人工挖掘方式修筑以排水和灌溉为主要目的的水道，即沟渠系统，连接水源地（如河流、湖泊、水库）与湿地，增强湿地生态系统内外水体的连通与交换，并发挥多样化的生态水文功能。沟渠系统建设应参考自然河溪河道及河岸生态特征，尽可能生态化。

（4）疏浚底泥

在河湖湿地，常常由于底泥的大量淤积，造成暂时性或永久性的水文联系中断，对淤积严重的湿地中的水道，须进行合理疏浚（生态疏浚）。生态疏浚必须在保证具有重要生态功能的底栖系统不受破坏的前提下，精确标定底泥疏浚深度，采用生态疏浚设备，施工期必须避开动植物的繁殖期。

（5）合理利用洪水脉冲

洪水脉冲将河流中的营养物质、植物种子或繁殖体和大量泥沙等带入河流两岸的湿地，促进湿地土壤发育和植被生长，河流与洪泛湿地间的水文动态和物质交换对维持河流水体——河漫滩湿地复合系统具有重要意义。当洪水脉冲被阻隔时，河流与湿地间的水文联系也因此中断，并导致湿地退化。通过控制沉积物下沉以抬高河床、引河水注入河流两岸的沼泽地、在河流两侧挖掘形成较低地形区域等措施，增加河岸湿地的洪泛频率，重建退化河道与河岸湿地间的水文过程。

（6）恢复潮沟

淤泥质河口潮滩湿地和滨海潮滩湿地常被许多分支的沟道——潮沟所切割。潮沟系统在维持潮滩湿地水文连通性、生物多样性及生态系统过程方面具有重要作用。对于潮沟受到破坏的潮滩湿地和红树林湿地，恢复潮沟系统是恢复潮滩湿地水文连通性的重要措施。潮沟恢复包括重建呈树枝状的潮沟系统，通常分 2 ~ 3 级；恢复河曲发育良好的潮沟；恢复具有从"潮沟底—潮沟边滩—植被覆盖潮滩"的横断面格局，提高潮滩湿地生境异质性，有利于底栖动物和鸟类的生存。

2. 水量恢复技术

（1）生态补水

利用河流、人工渠道、提水泵站等措施引水，实施生态补水。湿地生态补水也可采用经净化处理的再生水。在湿地缺水区可通过现有沟渠或临时铺设管道引入其他水体的水。利用雨水补给湿地水源是一个资源化、可持续的补水策略。也可将城市雨污分流后的雨水管通入人工湿地净化，利用自然重力使水流入缺水湿地，进行生态补水。

（2）修复区域局部深挖

深挖（如在缺水干涸的地面或浅水沼泽中挖掘水涵）创造湿地修复区域局部深水区和各种类型的湿地塘，增加湿地水量。这些湿地塘和深水区有助于湿地在枯水季节不致表面干涸，保障水生生物的生存空间和鸟类的饮水场所。

（3）围堰蓄水

在由地势差异而形成的湿地中，构建围堰是恢复水量的有效措施。以潜坝围堰，可以保持比湿地原始状态高的水位，形成一定面积的水面，提高蓄水能力。潜坝的高低和宽度依据修复区地形、场地面积和汇水区面积而定，通常砌筑土质潜坝（土坡）。在河流上砌筑潜坝，不能阻断河流的纵向水文连通性。

（4）牛轭湖

平原河流的河曲发育，随着流水对河面的冲刷与侵蚀，河流弯曲度逐渐增大，由于河流自然裁弯取直，河水由取直部位径直流去，原来弯曲的河道被废弃，形成孤立水体，即牛轭湖。参考牛轭湖形态结构及生态功能，在河流湿地修复中，沿河岸区域，挖掘牛轭湖形态的水湾，起到蓄水、供水作用，保障水生生物的生存空间，发挥污染净化功能。在湖泊、库塘湿地的恢复中，构建牛轭湖也常常起到为水鸟提供生境的重要作用。

（5）梯级式水泡系统

在河流上，尤其是沟道上游，以及湖岸、库岸缓坡，通过扩挖小水面（水泡、小型浅水塘），沟通相邻接的小水面（水泡），构筑阶梯式水泡系统，发挥其在湿地修复中的储水、蓄水、补水生态功能。

（6）雨水收集利用系统

雨水是湿地的重要水源之一。根据雨水源不同，分为屋顶雨水和地面雨水两类。湿地修复中常见的雨水收集系统包括屋顶花园、雨水花园、生物滞留塘、生物沟、生物洼地。

①雨水花园

通过人工挖掘，形成小面积浅凹绿地，用于汇聚并吸收来自屋顶或地面的雨水，是湿地修复中可持续的雨洪控制与雨水利用设施。

②生物滞留塘

在地势较低区域，通过植物、土壤和微生物系统构建蓄渗、净化径流雨水的水塘。生物滞留塘宜分散布置且规模不宜过大，生物滞留塘面积与汇水面面积之比一般为5% ~ 10%。生物滞留塘的蓄水层深度应根据植物耐淹性能和土壤渗透性能来确定，一般为 200 ~ 300mm。

③生物沟

沿湿地修复区内各级道路两侧，构建种植有植被的地表沟渠，一般为碟形浅沟，可收集、净化、输送和排放径流雨水。

④生物洼地

人工挖掘形成低洼池，通过土壤改良使洼池基质具备良好的渗透性，在洼地池中栽种植物，是湿地修复中控制雨洪、蓄积并补给地下水、净化面源污染物的技术措施。

旱区、缺水区域湿地修复应进行雨水利用工程的建设，优先选择收集利用雨水作为湿地补水和绿化灌溉用水。在干旱地区可考虑建设雨水收集系统，收集的雨水就地作为生态补水。

湿地修复区内硬化道路、停车场应采用透水铺装，宜在道路两侧布设雨水收集系统，雨水经自然净化后流入（渗入）湿地。

（7）暴雨储留湿地

在重点针对水质净化、防洪、蓄水的河流湿地、湖库湿地修复中，建设暴雨储留湿地。模拟自然暴雨系统的特征和功能，综合利用水塘和湿洼地的蓄水和过滤功能，设计长的处理路线，让暴雨及洪水通过低洼湿地、植物缓冲带和大面积地表缓流的湿地塘系统，使上游来水得到缓冲、滞留，并使水质得到净化。暴雨储留湿地分为三个部分：一是湿地塘－浅水沼泽湿地系统，由两个独立的单元组成，即湿地塘和浅水沼泽湿地；二是延伸带滞洪湿地系统，增加径流雨水暂时储存池，植被带分布沿着延伸带滞洪湿地斜坡边缘从正常塘面高度一直延伸到延伸带滞洪水面的最高处；三是小型水塘系统，为实现暴雨控制水塘系统的储蓄水、缓流和生物生境等功能，建设 25% ～ 50% 的水面，且水深在 50cm 左右，其余 50% ～ 75% 的水面区域水深达到 1.5 ～ 2.5m。

（8）水源涵养林

水是湿地的重要因子，除了上述水源及生态补水措施外，水源涵养林恢复和建设是涵养湿地区域内水的重要措施。在河流第一层山脊、湖泊及水库周边营造水源涵养林，有利于保障湿地区域内的水量和水质。

3. 水位控制技术

水位控制主要采取建设生态闸坝、潜坝（通常砌筑土质潜坝，以潜坝围堰，可保持比湿地原始状态高的水位；潜坝高低依据修复区地形和水位控制要求而定）、水闸、原木拦截堰、泵站等措施，按湿地保护需求和栖息动植物适宜水深控制水位。

也可利用水控结构控制水位。在沟渠的合适位置安装水控结构进行排水管理，同时也可用来转移和控制水流，其设计要求考虑季节性水位的变化，以优化丰水期排水和枯水期储水的功能。

4. 水流形态多样化调控技术

将渠化的河流或笔直的沟渠恢复成自然蜿蜒形态，使水体在更广阔的湿地区域中自由流动，可丰富湿地水文过程在时间和空间上的差异性。向河道、湖泊、库塘边缘抛石，或种植挺水植物可在小尺度上改变水流形态，提高生境异质性并为底栖动物和鱼类提供生境。

5. 水环境修复技术

湿地水环境污染源包括湿地区域内和区域外的生活污染源、工业废水污染源、城市面源和农业面源及内源污染（污染底泥的再释放）。根据修复区域水环境现状及污染源，采取相应修复措施。水环境修复技术包括以下内容：

（1）泥沙沉淀池

沉淀池是为了让水流中较重的悬浮物沉积池底。通常在河流的入湖（库）处建设泥沙沉淀池，设置过滤层，用于过滤粗大垃圾、杂质，多余泥沙在沉淀池内沉积去除。

（2）人工湿地处理

在郊区、农耕区域的湿地修复中，对少量农户的生活污水可通过微型人工湿地处理达标后排放。对湿地修复区域内的管理服务区、访客中心、接待中心所产生的少量污水，通常采用人工湿地（表面流人工湿地、潜流型人工湿地）进行水质净化。在湿地修复中人工湿地建设还应与生物多样性提升、科普宣教、景观美化等功能结合起来。

（3）稳定塘

稳定塘（也称氧化塘或生物塘）是湿地修复中利用天然净化能力对污水进行处理的湿地结构。将土地进行适当修整，建成池塘，设置围堤和防渗层，依靠塘内生长的微生物和植物，利用菌藻共同作用，处理废水中的有机污染物。

（4）沿河流增加水质净化的功能湿地

在河流两岸或湖（库）沿岸建设自然湿地，即增加针对水质净化的功能湿地。新建功能湿地形态和大小可根据修复场区地形和空间而定，在净化水质的同时，发挥涵养水源的功能，并为野生生物提供栖息地。

（5）滨岸湿地缓冲带

在河流、沟渠两侧构建一定宽度的植物缓冲区，发挥其过滤、净化功能，包括河岸林及河岸灌丛；在乔木和灌木稀少的地带，或河流、沟渠和周边高地间种植乡土草本植物，形成缓冲带。

（6）种植沉水植物

沉水植物种植是湿地修复中净化水质的优选技术，可增加水中溶氧，净化水质，扩大水生动物的有效生存空间，给水生动物提供更多栖息和隐蔽场所，为水生动物提供食物。常见的具有水质净化功能的沉水植物有黑藻、苦草、穗花狐尾藻、眼子菜等。可种植于软底泥 10cm 以上，水深 0.5 ~ 2m 甚至更深的水体；也可适用于底部浆砌或无软底泥发育的水体。

（7）人工浮岛

针对湖泊、库塘等湿地的水质净化，在水位波动大的水库或因波浪大等难以恢复岸边水生植物带的湖沼或是在有景观要求的池塘等闭锁性水域应用人工浮岛是较为理想的选择。人工浮岛框架常见材质有竹木、椰子纤维、泡沫、塑料、橡胶、藤草、苇席等。浮岛上面栽植水生植物，如芦苇、香蒲、茭白、水葱、美人蕉、千屈菜等。除净化水质的功能外，在湿地修复中应用人工浮岛还可为鱼类提供产卵附着基质，为鱼类、水生昆虫和水鸟提供栖息生境，优化、美化湿地景观。

（8）水体富营养化治理

水体富营养化主要采取控制外源性营养物质输入、清理水面外来物种、生态清淤、生物除藻（生物操纵法）、底泥疏浚（洗脱）、水生生态系统优化等措施来治理。其中，生物操纵法通过改变捕食者（鱼类）的种类组成或多少来操纵植食性浮游动物群落的结构，促进滤食效率高的植食性大型浮游动物，特别是枝角类种群的发展，进而降低藻类生物量，提高水体透明度，改善水质。在湿地修复中，常用食浮游植物的鱼类和滤食性软体动物来控制藻类，治理水体富营养化。

（二）基底结构与土壤修复

大多数湿地的水文恢复和植被恢复都伴随着对基底的改造和修复。基底结构的修复主要包括基底地形恢复与改造；土壤修复的内容包括清除土壤污染物、土壤理化性质改良等。

1. 地形修复和改造

在湿地修复工程中，适宜的地形处理有利于控制水流和营造生物适宜栖息生境，达到改善湿地环境的目的。

（1）营造修复区地形基本骨架

通过微地形营造和恢复，确立湿地修复区地形基本骨架，营造湿地岸带、浅滩、深水区、浅水区和促进水体流动的地形、开敞水域分布区等地形，疏通水力连通性，促进水体中物质迁移转换速率，恢复湿地植被及生物多样性。

（2）典型湿地地形恢复

通过挖深与填高的方法营造出凹凸不平、错落有致的湿地地形。必须以恢复目标为前提，在修复区域内创造丰富的湿地地貌类型或高低起伏的地形形态。通过地形恢复，使地形不规则化和具有起伏。具有不规则形状和边缘的湿地更加接近自然形态，拥有更大的表面来吸收地表径流中的营养物质，并且包含更多形态多样的空间和孔穴来为水生生物提供栖息和庇护场所。

（3）湿地地形修复的材料

①利用土石材料进行地形营造

在修复湿地时，可利用周围的土壤、卵石（或块石等），营造土石堆，营造不同水深，提高生境多样性。

②利用植物材料进行地形营造

利用种植的灌木丛或枯死的灌木堆营造湿地地形，为动物提供适宜的地形结构，也可为植物生长提供附着表面。这种地形结构在水面上下均可存在。利用木质物残体营造湿地地形，如利用树桩、倒木和其他木质物残体，使营造的湿地地形更自然，为动物栖息、隐

蔽提供良好场所。这些木质物残体可在原地或邻近区域获取。

2. 土壤修复

湿地土壤修复技术主要包括土壤污染修复、控制土壤侵蚀和土壤理化性质改良等内容。

（1）消除土壤污染物

对已受到污染的湿地，清除土壤污染物。控制土壤污染源，通过其自然净化作用，消除土壤污染。

（2）移走受污染土壤

移走受污染土壤，是一种异位土壤修复技术，适用于污染范围不大、污染程度较轻的湿地土壤。

（3）修复受污染土壤

土壤污染修复技术包括物理修复、化学修复、生物修复等技术。生物修复是应用较广的技术，即通过植物和微生物代谢活动来吸收、分解和转化土壤中的污染物质，如利用细菌降解红树林土壤中的多环芳烃污染物、利用超积累植物修复重金属污染土壤、利用湿地植物（如芦苇）与微生物的共生体系治理土壤污染。

（4）改良土壤理化性质

通过提高土壤肥力和减小土壤密度或压实度来改良土壤性质。充足的有机物质有利于改善土壤理化环境，为植物生长提供营养物质，是湿地植被恢复的前提，且有机土比矿化土具有更强的缓冲能力。在针对水质净化的湿地修复中，通常在底部构建由黏土层构成的不透水层，防止有害物质对地下水造成潜在危害；在其上覆填渗透性良好的土壤，为各种挺水植物提供生长基质。

（5）控制土壤侵蚀

水流的过度侵蚀会导致岸线凌乱、水土流失、沉积物淤积、植物生长受到抑制。通常使用柔性结构进行固岸护岸，减弱水流对土壤的侵蚀。

第三节　海洋和海岸带生态系统修复

海岸带是地球表层岩石圈、水圈、大气圈与生物圈相互交接、物质与能量交换活跃、各种因素影响最为频繁、变化极为敏感的地带，是海岸动力与沿岸陆地相互作用、具有海陆过渡特点的独立的环境体系。海岸带可分为三个部分，即陆上部分、潮间带和水下岸坡。高潮线至波浪作用上限之间的狭窄的陆上地带被称为陆上部分（海岸）；潮间带通常也称为海涂，是介于高潮线与低潮线之间的地带；水下岸坡是低潮线以下至波浪有效作用于海底的下限地带。

海洋和海岸带生态系统的修复涉及一系列的发展阶段。首先要确定干扰因素，对于未来发生潜在不利影响的风险，须采取一定措施进行消除或减小。只有当干扰减缓或停止之后，自然修复才能进行。在大多数情况下，停止干扰并尽快进行自然修复，对于开放的海洋和海岸带生态系统来说，是理想与经济的措施。

一、海滩生态系统的修复

（一）海滩生态系统概述

海滩是小卵石、大卵石、大石头及松散的沙子组成的堆积物，它们从浅水延伸到水边低沙丘的顶端或风暴潮影响的边界。全世界大多数的海岸都有它们的存在。大部分的海滩主要是由沙子组成的，沙子的粒径为 0.062 ~ 4mm。

海滩冲积物组成和海滩形式的决定性因素主要是波浪能。较小的波浪主要形成坡面较缓的由更细小的冲积物组成的沙滩。较大的波浪打在沙滩上则能够使沙滩形成陡峭的轮廓，且由粗糙的分选很好的冲积物组成。同时海滩沿岸的水流和风向，以及底土层的母质和机械组成、海潮范围、海浪的方向等都可以影响海滩的形态、轮廓和稳定性。

几乎所有的海滩都有自己原始的底栖动物，但是海滩上的植物非常稀少，尤其在卵石沙滩，这种沙滩本身不稳定而且暴露在外。在温带沙质海滩上，生长着一年生草本植物，如藜科冈羊栖菜属植物、海凯菜属的肉质一年生海岸草本植物及滨藜属植物，它们通常由生长着固沙植物的海岸沙丘支持。在热带海滩上，禾本科草本植物、非禾本科草本植物和木本植物都是海滩生物群落的重要组成部分。热带海滩上有典型的滨线树种，包括椰子和口哨松，它们由海滩向陆地方向生长，但是一般很难生存到成熟期。海滩上果实形成和植物的存活受到很多环境压力的威胁，如营养缺乏、剧烈的气温日变化、海滩侵蚀或增长、干旱、海浪的飞沫、潮汐及掠夺行为等。潮汐影响的程度及海滩冲积物组成是决定植被在它上面形成能力和海滩稳定性的主要因素。

（二）海滩生态系统的功能

海滩被开发用于建造港口、工厂、住房及观光旅游业。混凝土原材料和矿物很多来源于此。海滩还在海洋防护中起到重要作用，它保护人类资产、耕地和天然生境不受海水破坏。目前，由于世界旅游业的发展，沿海旅游观光成为普遍现象。全球旅游的增长能更好地带动沿海旅游观光业使其得到更好的发展。因此，海滩作为娱乐性资源的社会经济价值也将继续迅速增长。

生物群落在海滩上的非生物状况的广泛变化，以及带状分布导致许多海滩特有物种的存在和发展。海滩生境成为许多稀有和受威胁物种唯一的栖身之所，包括那些生长在鹅卵石上的植物、无脊椎动物和海龟。海滩是许多鸟类如燕鸥、海鸥和布科鸟的主要筑巢场所，也是海豹、海龟和海狮等的重要筑巢点，海滩上的底栖动物是滨鸟的重要食物来源。

（三）海滩生态系统的丧失和退化

对于海滩生境来说最严重的威胁是海滩的侵蚀和退化。目前，海滩退化有众多原因，如海平面上升、地面沉降、陆地和海洋沉积物资源的损失、风暴潮增多，以及人工构造物和其他人类干扰。针对不同的地区，引起海滩侵蚀的主控因子或因素是不同的。就全球而言，一般认为海平面的绝对上升是引起海滩侵蚀的一个重要因素。

此外，沿海娱乐场所、沿海防护工程等人类活动将继续破坏海滩，在发展中国家更为明显。娱乐性活动难免存在践踏和车辆使用等情况，此类活动会破坏植被或干扰雏鸟和海龟的正常繁衍生存。此外，海滩生物也会因油污染、需要机械去除的海滩垃圾而被严重破坏。人类在其他方面的利用，如采矿、地下水开采、放牧、军事利用和垃圾处理等都可能引起海滩局部生境的破坏和丧失。

（四）海滩生态系统的修复技术和方法

海滩生态系统修复需要通过对海滩植被进行修复并进行海滩养护沉积物回填来实现。二者中，海滩回填对海岸环境影响较小，在国际上逐渐成为海岸防护、沙滩保护的主要方式。海滩回填已经成为一种常见的海岸防护措施，德国、法国、西班牙、意大利、英国、日本等国家也都进行过大量的海滩回填工作。

1. 海滩回填养护

海滩养护、补给或修复是指将沉积物输入一个海滩以阻止进一步的侵蚀并为实现海洋防护、娱乐或更少有的环境目的而重建海滩。在一个侵蚀性的海滩环境中，海滩养护需要对前景进行预测，这是一个循环的过程，而在其他的地点可能实施一次就足够了。回填物可以来源于相连的沙滩、近岸的区域或内地，并沿着沙滩的外形堆积在许多地方。

人造海滩的轮廓有别于天然斜坡，对于建立鹅卵石海滩植被来说，天然的斜坡是至关重要的，因为它可以降低发生剧烈侵蚀从而破坏新建立的最易受到干扰的植被的可能性。养护方案设计，不应该是在一个大的连续的养护区域，而应该在不受干扰的沙滩上设置若干个散置的小回填场点，从而加速底栖动物的再度"定居"。

在养护之前应评价自然海滩的粒径分布，从而决定填充材料的规格。为了避免压实海滩从而威胁到底栖动物的生存，所以，不能使用含细沙和淤泥（直径小于 0.15mm）的填充材料（即使本土的海滩基底具有类似的粒径分布）。大多数填充物是从近岸的海洋挖掘出来的，但是陆地沉积物的使用也取得了成功。

根据海滩养护计划的监测结果，建造方法是决定海滩表面密实度的关键因素。使用抽水泵抽取沉积物，并以泥浆的形式传送到养护场点比用挖掘斗提取沉积物再用一个传送带送到海滩的方法更能生产出密度大的海滩基底。尽管一个密实的海滩表面能够延长海滩养护计划的寿命，但用传送带方法生产的比较疏松的沉积物更有生态意义，尤其是在海龟筑巢或其他动物可能会受到密实海滩表面危害的地方。在英格兰的南海岸进行的鹅卵石海滩的养护由于在基底中使用了细颗粒材料，导致新建海滩的渗透性和流动性都不如原来的海滩。所以，工作人员要使用适当粒径分布的填充物并选择合适的养护方法来避免建造过于密实的海滩表面。

物种操作的时间和生物周期是决定海滩养护对动物区系影响的重要因素。例如贝壳、岩蛤冬天迁移到大陆架海面，春天再迁移回潮间带。所以，如果养护的操作在春天进行就有可能阻碍它们返回，导致整个季节中成年蛤的缺失。养护的操作对于一些始终生活在海滩上的物种（包括很多片脚类动物）来说，无论时间安排如何，它们都将受到相当大的影响，而对一些靠浮游的幼虫在春天传播并定居的物种造成的损害能很快地修复。所以，海滩养护的操作应当在冬天进行，在去海面上越冬的成年动物返回之前及春天浮游的幼虫定居前完成，当然海滩养护操作也应当避免在鸟类和海龟筑巢的时候进行。

在海滩养护中，由于风力的搬运使用细沙会给附近的沙丘带来间接的影响。然而，养护中的沉积物较天然的海滩沙更难被风搬运。

2. 改善植被

（1）打破种子休眠

许多海滩植物种子普遍具有继发性和先天性休眠的特征，这是阻碍植被修复的一个重要因素。因此，对种子发芽和解除种子休眠的方法有所了解，对海滩植被的修复很有必要。有些物种不适于直接播种，因此，需要对种子在适当的条件下进行无性繁殖或是进行培养。一些如海洋旋花类的植物和海豌豆类植物的物种，种子外皮需要人为刻伤或软化，然后才能进行人工培养后种植。

（2）适宜的颗粒大小

在鹅卵石海滩上，基底组成是种子发芽、幼苗的成活、容器种植植物生长及繁殖力的主要决定因素。在非常粗糙的基底上，种子被埋得太深以至于不能成功地生长出来。而且，基底保持营养成分和水分的能力较差，成年植物和幼苗的成活率都非常低。相对于鹅卵石海滩，沙质海滩的颗粒大小对植被建立的影响要小得多。

（3）植被的结构和组成

滨海植被经常被作为先锋沙丘植被来修复，主要是因为它能促进沙子和有机物质在海滩上的沉积。然而，有些一年生滨海植物，如猪毛菜容易被海水散播，并在一个季节内自然迁移。在美国加利福尼亚的西班牙湾海滩的植被修复中，猪毛菜虽然是外来种，但是由于它可以迅速成活并能固定沙子却不具有入侵性或竞争性，常被用作最初的先锋种。

（4）繁殖体来源

有证据表明海滩植物的种子能被海水远距离传播，重要的是种子或无性繁殖体的片段能够从附近未受到干扰的地区迁移到被修复的海滩。本地的种子能够很容易地繁殖滨海植物，鹅卵石沙滩上的可发芽种子库非常小，在很大程度上是由种子自身的休眠所引起而不是缺少繁殖体所致。一些场所自身的特性因素决定了附近的区域能够提供适宜繁殖体的能力，如适宜的植被、盛行风向和潮流。

二、海岸沙丘生态系统的修复

（一）海岸沙丘生态系统的特征

海岸沙丘是由风和风沙流对海岸地表松散物质的吹蚀、搬运和堆积形成的地貌形态。内陆沙漠和海岸沙丘虽同属风成环境，但海岸沙丘形成于陆、海、气三大系统交互作用的特殊地带，相比内陆沙漠，其在风沙的运动特征上既有一定的特殊性又有一定的相似性。

海岸沙丘主要形成在沉积作用大于侵蚀作用的地方。海岸沙丘的形成条件包括沙源、风力、湿度、植被、海岸宽度与类型等，但各地海岸沙丘形成条件的差异较大。强劲的向岸风、充沛的沙源是海岸沙丘发育的两个重要条件。

海岸沙丘的沙源主要是海岸侵蚀物、海流沙质沉积物和海底沙质沉积物，海滩沙是海岸风沙的直接沙源。当沙子被冲刷到海岸上以后，它的运动会受到海滩倾斜度、沙丘高度、海岸线的方向、海滩宽度及当地地形地势的影响。

沙源供应的速率和规模对海岸沙丘的形成影响较大，沙源不足时主要形成小型影子沙丘和沙席（一个比较宽广平坦的或微波状起伏的风沙堆积区，其风成沙厚度较小，且自海向陆逐渐变薄，沙体无层理或具微平行层理）等；沙源供应中等水平时则会形成风蚀坑、沙席和迎风坡与背风坡极不对称的前丘等；沙源丰富时多形成前丘且增长速度快。

海岸沙丘沙粒的起动速度明显受颗粒的黏结力（沙粒水分含量、黏粒含量、地表盐结皮等）、沙粒特征（沙粒粒径、分选性、形态、重矿物含量、贝壳含量等）、海滩或地表坡度、植被条件、向岸风与岸线夹角等诸多因素的影响。此外，沙粒的水分含量也是至关重要的。

沙丘上的植被在保持沙丘稳定和沙丘的形成中起了很重要的作用。沙丘草能够把沙子聚集在自己的叶子周围，另外，它还能够穿透不断增厚的沙层继续生长，这些都能影响沙丘的形成。沙丘草可减少风对沙丘的侵蚀，同时可增加沙丘背风面的增长。总之，沙丘先快速向上增长，当达到 5 ～ 10m 时，增长速度减慢。沙丘的高度因天气、沙子来源及其所处地形不同而不同。

大风、高蒸发作用、沙子的运动（沙子的增长和侵蚀）、盐度和效用有限的大量营养元素都能影响沙丘的生态过程。而沙子的运动被看作影响沙丘上植被分布的最重要因素。

海洋的盐分（主要是氯化钠）限制植物在海岸沙丘上的分布。沙丘能快速排水，所以，海水在沙丘上的长期泛滥很少见。沙丘一般不是持续很长一段时间，而是偶尔暴露在盐分中。只有那些最耐盐的植物才能够生长在海岸和前丘上。盐分飞沫是植物在海岸沙丘上生长的一个限制性因素。能够忍受盐分飞沫的沙丘植物在进化过程中，其上表皮形成了一种具有保护作用的蜡膜。海岸沙丘中较低含量的氮和磷元素也限制植物生长。

营养物质输入海岸沙丘生态系统中主要取决于土壤中的固氮微生物、大气沉积作用的速度及共生固氮植物种通过海水和有机碎片的输入。氮损失的途径有反硝化作用、（过滤）流失及垃圾排放。磷也是沙丘生态系统的限制性营养物质，尤其是在低 pH 的地方。沙丘不仅含营养物质少，而且对营养的保持也很差。

沙丘上的植物幼苗对沙子增长的敏感反应表现在生物量上。例如薰衣草的幼苗及沙茅草对被沙埋所做出的反应是将生物量分配给芽（减少根部所占的质量比例），以及叶（更长的叶子）的生长。沙丘上植物不仅对沙子的增长表现出各种形态上的适应，还会有不同生理学上的反应。

（二）海岸沙丘生态系统的功能

海岸沙丘具有缓冲风和海浪的作用，对海岸防卫非常有价值，能够在沙子淹没附近田地之前固沙并且为海滩提供沙源。沙丘被看作有重要遗产价值的自然生境，具有丰富的物种和种群，这种生物多样性使得海岸沙丘具有较强的抵御人为和自然干扰的能力，并形成具有独特娱乐价值的景观。

沙丘生态系统内的各种地形支持高度的生物多样性（包括在地面筑巢的鸟类），且海岸沙丘中有大量的特产植物。

（三）海岸沙丘生态系统受损的原因

沙丘是脆弱的生态系统，很容易退化、毁坏。涨潮、飓风和暴风雨等自然干扰都可以造成它的退化，飓风甚至可以缩小海岸沙丘的面积。沙丘往往需要 5 至 10 年的时间才能从猛烈的干扰中修复。海岸植物的分布状态也和自然干扰有关。除了自然干扰，海平面上升也威胁着沙丘生态系统。

人类活动，如燃烧、森林砍伐、耕作、过度放牧，以及无节制的开发和休闲等活动都会造成沙丘植物活力下降，从而给整个生态系统带来威胁。海岸沙丘一般是开放生境，因而容易受到外来种的入侵，外来种能够改变沙丘的功能甚至组成。

（四）海岸沙丘生态系统修复的技术和方法

固沙是沙丘生态系统修复的首要步骤，只有使沙丘固定之后，才能进行植物的重建和修复。否则，植物会被沙丘掩埋而导致死亡，使沙丘修复失败。固沙有生物固沙和非生物固沙两种，生物固沙需要和生物修复计划结合进行。

1. 生物固沙

在进行沙丘修复之前需要了解沙丘土壤的性质，因为它们决定植被类型。对被挖掘的沙子进行海滩供给是长期维持受侵蚀海岸的一种方法。通过海滩供给而增加的沙子需要在修复进行之前进行处置。对沙丘土壤的处置包括添加化学物质以改变酸度、脱盐作用及添加营养物质。

沙丘修复应使用本土物种，避免外来种。外来种由于在本土生境中通常缺少捕食者和病原体来限制其生长，会改变本地生态系统功能，阻碍本地种的生长。对修复场点的长期管理包括控制和根除外来种。

使用快速生长的植物来固定沙丘是合理的，但是这也会引起对本地植物种的竞争或促进本地植物种的建立。这就需要工作人员对用于修复的本地植物要有深入的了解，如种子的形成、发芽、幼苗的生长及成熟体的相关问题等。

根据原生生境进行的修复需要进行长时间的管理，这包括通过合理施用肥料保持沙丘草的旺盛生长，控制外来种入侵，引入有益物种以维持演替。为了促进演替，在海岸沙丘的修复过程中要不断引入物种。引入物种要注意对引进物种的控制，例如沙棘的生长可以通过土壤线虫来控制。将线虫引入沙棘的根围（指在土壤中的围绕植物根系的一个区域）中就能控制其种群。建立固沙植物只是第一步，此后还要移植其他物种固定沙子。

进行海岸沙丘生态修复时通常需要考虑如下因素：所需沙子的类型，沙子的可用性（场点是否有足够的沙子，或是否需要运输），原来沙丘系统的位置和形状，可用资金，前沙丘的位置，残余沙丘的性质。同时，在修复之前评价各种沙丘植物种对肥料的吸收很重要。肥料的类型取决于物种，添加氮肥对于沙丘草来说很重要，添加磷肥的反应则有所不同，在某些情况下无法观察到生长的增加。

根据地点和季节的不同，合适的施肥速率也有所不同。施肥的时间选择很重要，一般与无性繁殖体的移植或种子的播种同时进行或紧随其后进行，从而实现高的成活率和植物的繁茂生长。因为沙丘保持营养的能力很差，快速释放的肥料会很快流失。而慢速释放的肥料具有在一段时间内逐渐释放的优点，但是它通常没有普通的快速释放的配方经济。过度施肥会导致生物多样性下降，促进外来种的建立，还会使草生物量的生产率增加。因此，在对沙丘的长期管理中，应考虑肥料对物种间相互作用及演替过程的影响。

2. 非生物固沙

可通过使用泥土移动装置，或建造固定沙子的沙丘栅栏来实现沙丘重建。使用沙丘栅栏比用泥土移动设备更经济，尤其是在比较遥远的地区。但是利用沙丘建筑栅栏形成沙丘的速度还取决于从沙滩吹来的沙子的数量。栅栏的材料应当是经济的、一次性的和能进行生物降解的，因为栅栏会被沙子所掩盖。使用一种最适宜的、50% 有孔的材料制造栅栏能促进沙子的积累，这样的栅栏在三个月内可以积累 3m 高的沙子。

化学泥土固定器被用于修复场所来暂时固定表面沙子，减少蒸发，并且降低沙子中的极端温度波动，通常在种子和无性繁殖体被移植之后使用。泥土固定器包括浆粉、水泥、沥青、油、橡胶、人造乳胶、树脂、塑料等。但是用泥土固定器的缺点为：它可能引起污染或对环境有害，且花费高，施用困难，下雨时流失物增加，有破裂的趋向，以及在大风天气易飞起，可溶解有害的化学物质。

覆盖物可用来暂时固定沙丘表面，可使其表面保持湿润，且分解时增加土壤的有机物含量。可利用的覆盖物有碎麦秆、泥炭、表层土、木浆、树叶。覆盖物尤其适用于大面积修复，因为可以用机械铺垫。

3. 使用繁殖体

应在实施修复之前确定使用繁殖体（种子或者无性繁殖的后代）的优势和适宜性。

（1）使用无性繁殖后代

沙丘上，沙丘草的无性繁殖后代可以从附近的沙丘上用机械或手挖掘。无性繁殖后代的供应场点应当尽可能邻近修复场点以减少运输费用，同时要对整个场点进行施肥以保证无性繁殖后代能够重新生长出来。挖出来的无性繁殖后代可以被直接移植到修复场点或是在移植前先在苗圃生长 1 至 2 年。

一个能生育的无性繁殖个体至少要包括叶子，并连有 15 ~ 30cm 的根茎。移植时要注意不要破坏无性繁殖个体的叶子。在运输过程中要将其保存在潮湿沙子中。修复场点要事先用机械挖好深 23 ~ 30cm 的沟渠。播种完成后，沟渠应填满沙子。

（2）使用种子

因为沙丘植物生产的种子很少，并且群落中生物也通常进行无性繁殖，所以，种子的实用性经常成为一个限制因素。沙丘植物种子产量低主要是由于花粉亲和性差、胚胎夭折及低密度的花穗，施肥可增加花穗密度。

收集种子可用手或特殊的收割机器，后者会给沙丘带来有害的影响。用手收集种子对沙丘的影响较小，是收集小群落种子的理想方法。种子被存放之前应进行干燥、脱粒和清洁。修复过程中保持物种遗传多样性非常重要，应尽可能使用适应当地沙丘的物种的种子。一般最好选在种子的休眠期进行播种。可以使用种植机器进行播种，但是在陡峭的山冈上或是较小的修复场点手工播种效果更好。

　　大面积修复时使用本地沙丘植物的种子很有效，尤其是在能够机械播种且沙子的增长不是很快的地方。但是当种子的发芽不稳定或幼苗生长很慢时使用种子是不利的。被沙子埋没是危害沙丘上植物的一个主要因素，因此，应紧贴沙子表层播种，这样种子发芽后，幼苗能够从沙子中冒出来。种植的最佳位置应使种子能很容易吸收水分，并能感觉到日气温变化。沙丘草的种类不同，植物体的潜能不太一样。机械播种可用普通的种子钻孔来实现，通常播种在春天或秋天完成，在播种完成之后要用履带式拖拉机加固修复场点。

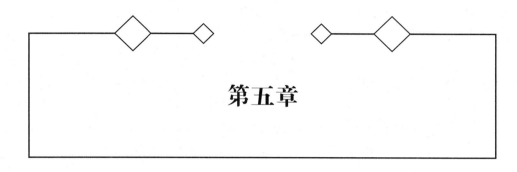

第五章

土壤污染生态修复

第一节　土壤污染生态学

一、土壤与土壤污染

土壤生态学是以土壤及其土壤内的各种生物为研究对象，研究土壤的环境对其中生物代谢的影响，以及生物的代谢活动对土壤环境的相互影响的学科。随着经济的迅速发展，环境条件逐步恶化，传统的先发展后治理的发展理念使得环境污染问题尤为突出，而土壤的污染又是环境污染的重要组成部分。在这样的大环境下，土壤污染生态学的发展极其必要，采用新的技术与理念利用土壤中的生物来对污染的土壤进行修复，不但可以很好地去除土壤中的微生物，而且可以减少对土壤环境的二次污染。

土壤污染是由于人类活动或自然原因导致土壤内成分发生变化，或某些成分超过其本底值，土壤环境无法自净修复到初始状态，从而影响人类及其他生物的安全。

（一）土壤环境的基本特征

土壤按物理状态可以分为固相、液相、气相三部分。

固相约占土壤体积的 50%，而在固相中矿物质占 95% ~ 98%。土壤矿物质由原生矿物质和次生矿物质组成，原生矿物质是随着原始状态矿化沉积下来的物质，由石英、钠长石、白云母等组成。原生矿物质有一部分转化成次生矿物质，比如，高岭石、蒙脱石、绿泥石等。固相中土壤有机质占 2% ~ 5%，包括碳水化合物类、木质素类、蛋白质类、脂肪与蜡类等。固相中另一部分为生物类，包括动物和植物。液相部分主要是指水分和溶解性物质，如金属盐和可溶性有机物等。土壤的气体主要是指分布在土壤中的空气。土壤中液相与气相约占土壤体积的 50%。

作为生态系统的重要单元，土壤环境保证了生态系统的完整性与统一性，保证了物质在大气、水体、土壤间的循环作用，把有机层和无机层联系起来，支持植物和微生物的生长繁殖。作为人类活动的基本场所既有数量性又有质量性，土壤环境作为动植物赖以生存的场所为生物提供了良好的生存环境，保证最大生物量的生产能力，保证了最佳生物学质量生产能力，提供了供给生物体新陈代谢和繁殖所需要的蛋白质、糖类、微量元素、激素等。土壤环境的自净能力保证了土壤不受到二次污染。土壤环境的多功能性使得土壤能够对进入土壤系统中的物质进行代谢及同化的作用。土壤能够为植物提供良好的生长所需要的介质，为动物提供栖息的场所，为农作物提供生长所需要的营养成分，作为生产的基地。另外，土壤在抵御外界污染过程中充当了废弃物的处理场所，成为水和废弃物的滤料。土壤作为人类生存的基础，为人类社会提供各种资源，为建筑、医药、艺术等领域提供材料，成为地理、气候、生物与人类历史的热点。最后，土壤的自净能力使得土壤系统能够承载一定的污染负荷，能够容纳一定量的污染物质，为环境的自净提供了净化能力。

（二）土壤环境污染的基本特点

与大气环境和水环境相比，土壤环境是更复杂的介质，包含着复杂的化学、物理、生物过程。污染物在气体和液体环境中只存在空间位置的迁移转化和价态、浓度的变化。而污染物在土壤环境中不光包括以上转化，还包括污染物间相互的氧化与还原、吸附与解析、固定与扩散，以及被土壤中生物代谢转化成其他物质等过程。

土壤污染的基本特点有很多，包括多介质、多组分、多界面、非均一性，以及复杂多变的特点，也是土壤污染的这些特点使得土壤污染有别于大气环境污染和水环境污染，使得土壤污染更复杂。与大气环境污染、水环境污染相比，土壤污染的影响更加严重，主要的原因有以下四点：

1. 滞后性与隐蔽性

土壤污染不会像水体污染和大气污染那样很容易通过颜色、气味、浊度等常规指标轻易分辨出来，往往需要对土壤样品进行进一步分析研究，针对不同的污染源检测各类污染物成分，并不能很轻易地分辨出来。所以与大气环境污染、水环境污染不同，土壤污染的发现往往具有滞后性，有很多污染问题很容易被人类所忽视。

2. 土壤污染的复杂性

由于土壤污染物来源很广，农业、工业、医药行业等各种污染源之间的相互作用使得污染物中各个成分发生相互反应、相互作用形成更具有污染性的物质。污染源与土壤成分之间的相互作用，也使得土壤污染的复杂性不仅来源于污染源，所以，土壤污染的复杂性远远高于其他环境污染。

3. 污染物质在土壤环境中的累积作用

土壤中的污染物不能像大气和水环境中那样容易迁移转化，使得污染物在土壤中固定，而且在土壤环境中的污染物又不能得到良好的稀释和扩散，这样一来，土壤中的污染物会不断地积累，浓度会不断地提高。

4. 土壤污染修复的长期性及不可逆性

许多重金属对土壤的污染作用往往是难以修复的，由于发生氧化和还原等其他反应，重金属污染物的降解往往需要很长的时间。

土壤污染难以治理，土壤环境污染中只切断污染源并不能通过土壤的自净能力降解污染物。尤其是重金属污染，往往要通过换土、淋洗等方法处理污染土壤，所以，土壤污染的治理成本较高、处理周期长。

二、土壤污染发生及其动力学

（一）土壤污染发生的概念

由于土壤污染的复杂性，对土壤污染的评价并没有一个统一的评价标准。一般按污染的程度可以分为以下三种：

1. 轻度污染

这一阶段是土壤污染的初始状态。当污染物含量超过土壤背景值的 2 ~ 3 倍标准差时，说明土壤中所含该元素或化合物含量异常。

2. 重度污染

此时土壤中污染物含量达到或超过土壤环境基准或标准值时，表明污染物的累积输入速度和强度已经超过了土壤自净能力所能承受的范围。土壤环境中的缓冲能力已经不能承载所受到的污染。

3. 中度污染

根据对土壤环境轻度和重度污染判别的标准，结合具体实地情况的生态效应再具体确定。

土壤污染的发生过程可以简单叙述成，人类社会各行各业所排放的污染物，包括有机物、重金属、农药、酸碱化合物、盐分等，排放到土壤环境中。由于土壤环境系统具有对其中物质进行迁移转化的能力，主要是土壤吸附作用、物理迁移作用、生物分解作用、生物蓄积作用，使得土壤对污染物质有一定的缓冲能力，所以，土壤环境能够承受一定的污染物质。不过当污染物质继续在土壤环境中积累，使得土壤污染物过量存在，超过土壤的缓冲能力和自净能力时，土壤中的污染物就会浓缩蓄积。最后随着污染物质的积累，不但使土壤系统受到污染，同时在土壤中的污染物质也会迁移转化到大气环境和水环境中。

（二）土壤污染动力学

土壤污染动力学是研究各种污染物质，无论是有机物还是无机物进入土壤环境，在土壤环境中迁移、转化、沉降、降解等物理、化学和生物学作用的机理，以此来研究如何更好地解决土壤污染问题。

由于土壤环境中包括固相、液相、气相和生物相的组成，使得土壤系统的复杂性大大提高。而且，气相与固相、气相与液相、液相与固相相交的界面不是很清晰，没有具体的边界。各种污染物在各个单相中，以及相与相之间的交界处发生着复杂的化学、物理和生物学作用。有时这些作用是单独发生的，但很多时候这些反应是同时发生的。

三、土壤污染的生态危害

当土壤受到污染后，不仅仅是土壤环境会对生态系统产生影响，污染的土壤系统也会通过其他方式与大气系统和水体系统共同危害生态系统的安全。土壤系统中污染物的积累、农药、化肥、重金属等都对生态系统产生影响。污染的土壤也会通过灌溉和地表径流进入水体，水体的污染带来的是饮用水污染和食品污染，这两方面问题都影响着人类的健康。一旦土壤中的污染物转移到水体中，又会引起水体的污染，破坏水体生态系统，导致水体自净功能的减弱，引起水环境与水质恶化等一系列问题，而这些问题都会对生态系统产生危害。

（一）对植物的毒害及农产品安全危机

土壤污染中部分金属元素是植物生长所必需的元素，但土壤中这些金属元素必须保持在一个合适的范围内，浓度低不利于植物和农作物生长，过高又会抑制植物生长。

土壤污染的危害包括以下两种情况：一是土壤污染会降低农作物的产量，而且会影响农作物的质量。这是由于虽然有毒物质或重金属等污染物质并没有超过所规定的卫生标准，但低浓度的污染物质在农作物中的积累会明显影响农作物的生长和农产品的质量。二是虽然有毒有害物质超过卫生许可范围，但农作物的产量并没有明显地减少甚至不受影响。引起农产品污染的主要原因有：植物吸收了土壤中的污染物质并在植物体内不断积累；污染物质在植物体内的存在导致了植物体内微量元素的拮抗作用；在食品加工过程中也会对食品有部分的污染，以及食品中营养物质也会部分流失。

（二）对土壤微生物生态效应的影响

土壤中微生物的种类可以分为细菌、放线菌、真菌、藻类、原生动物。细菌包括自养型细菌，如硫化细菌、硝化细菌、脱氮菌和固氮菌。它们以分解者的身份参与矿物质循环，植物共生作用，每克土壤中大约含有1500万个。放线菌主要是丝状原核菌，每克土壤中大约含有70万个，真菌主要是指酵母菌和丝状菌，每克土壤中大约含有40万个细菌，它们都是分解者，而藻类中的绿藻、蓝绿藻等是生态系统中的生产者。原生动物比如纤毛虫和鞭毛虫都是消费者。

土壤微生物是维持土壤生物活性的重要组分，它们不仅调节着土壤动植物残体和土壤有机物质及其他有害化合物的分解、生物化学循环和土壤结构的形成等过程，且对外界干扰比较灵敏，微生物活性和群落结构的变化能敏感地反映出土壤质量和健康状况，是土壤环境质量评价不可缺少的重要生物学指标。土壤污染会对土壤中生物类型、数量、活性、土壤酶系统及土壤呼吸代谢等作用产生较大的影响，危害到土壤生态系统的正常结构和功能。污染物对土壤生态系统中生物的影响比较复杂，取决于土壤的组成和性质等多种环境因素。

第二节　重金属污染土壤修复

一、环境中的重金属

对于重金属的概念目前还没有严格的定义，通常是指相对密度大于5.0的金属，或者具体来说，是指具有金属性质且在元素周期表中原子序数大于23的大约45种金属元素。人体非必需而又有害的金属及其化合物，在人体中少量存在就会对正常代谢产生灾难性的影响，这类金属称之为有毒重金属，主要是汞、镉、铅、锌、铜、钴、镍、钡、锡、锑等，从毒性角度通常将砷、铍、锂、硒、硼、铝等也包括在内。环境中的重金属通常是指生物毒性显著的汞、镉、铅、铬及砷等，这5种重金属对人体的危害也最大。

有毒重金属主要来源于矿物冶炼过程中，并被释放到环境中，工业生产中涂料、造纸、印染等材料加工及制成品加工，农业生产活动中施用化肥、农药等都会存在不同程度的重金属污染。而自然情况下的重金属含量较低，主要来源于母岩及残落生物质，不会对人体及生态系统造成损害。

重金属毒物对人体的毒害程度主要与其种类、进入人体的途径及受害人体的情况、存在的化学形态有关。而重金属的生物毒性的决定性因素是其形态分布，不同的形态产生不同的生物毒性，进而产生不同的环境效应，直接影响着其在自然界的循环和迁移。重金属转化及其形态的研究，对重金属污染治理和防治具有重要的指导意义。

二、重金属污染土壤的植物修复技术

所谓植物修复技术就是利用植物及其根系微生物对污染土壤、沉积物、地下水和地表水进行清除的生物技术。植物修复与物理、化学和微生物处理技术相比有其独特的优点，但植物修复技术本身及发展过程中也存在一定的问题亟待解决。

重金属超积累植物虽然早已发现，但是作为一种技术对污染土壤进行修复，是近20年来的新兴研究领域，很多学者都积极倡导并推崇重金属污染土壤的超积累植物修复技术，而这项技术也在逐步迈向商业化进程。

（一）重金属超积累植物

重金属超积累植物是植物修复的核心部分，只有找到某种重金属相对应的超积累植物才能进行植物修复。

超积累植物是指能超量吸收重金属并将其运移到地上部的植物，包括 3 个指标：一是植物地上部积累的重金属应达到一定的量，一般是正常植物体内重金属量的 100 倍左右，由于不同元素在土壤和植物中的自然浓度不同，临界值的确定取决于植物积累的元素类型，表 5-1 为重金属在土壤和植物中的平均值及超积累植物的临界标准（mg／kg^{-1}）；二是植物地上部的重金属含量应高于根部，即有较高的地上部／根浓度比率；三是在重金属污染的土壤上这类植物能良好地生长，一般不会发生毒害现象，并且积累系数（BCF）和转运系数（TF）均应该大于 1。

表 5-1　重金属在土壤和植物中的平均值及超积累植物的临界标准／（mg·kg^{-1}）

重金属种类	土壤中的平均质量分数	植物中的平均质量分数	矿物中的平均质量分数	超累积植物临界标准
Cd		0.1	1	100
Cr	60			1000
Cu	20	10	20	1000
Zn	50	100	100	10000
Mn	850	80	1000	10000
Ni	40	2	20	1000
Pb	10	5	5	1000
Se		0.1	1	1000

尽管超积累植物在修复土壤重金属污染方面表现出很高的潜力，但是其固有的一些属性还是给植物修复技术带来很大的局限性。

首先，重金属超积累植物是在自然条件下受重金属胁迫环境长期诱导形成的一种变异物种，这些变异物种因为受到环境和营养物质等其他因素的影响而生长缓慢，其生物量相对于正常植株也较低；其次，重金属超积累植物大多是在自然条件下演变产生的，因此对温度、湿度等条件的要求比较严格，物种分布呈区域性和地域性，物种对环境的严格要求使成功引种受到限制，不利于大规模的人工栽培；最后，重金属超积累植物的专一性很强，往往只对某一种或两种特定的重金属表现出超积累能力，并且积累能力与多种因素有关。

解决以上问题可从以下三个方面入手，最大限度地发挥超积累植物的修复能力：第一，利用生物学手段培育出产量高、适应性强的超积累植物物种；第二，寻找一种能同时积累几种重金属物质的植物并加以人工培育种植；第三，通过向土壤中添加螯合剂，例如添加 EDTA、DTPA、CDTA、EGTA 等人工螯合剂提高土壤中重金属物质的溶解度，从而增加超积累植物在根茎中的积累量。

（二）植物修复技术的应用

植物修复技术作为 20 世纪 90 年代初兴起的一项清除环境中污染的新技术，因其与工程实践紧密结合的特点而逐渐发展成为一个热点研究领域，并逐步走向市场化和商业化。

相比于传统的物理、化学修复技术，植物修复技术表现出了技术和经济上的双重优势，主要体现在以下四个方面：

一是可以同时对污染土壤及其周边污染水体进行修复。

二是成本低廉，而且可以通过后置处理进行重金属回收。

三是具有环境净化和美化作用，社会可接受程度高。

四是种植植物可提高土壤的有机质含量。

但是植物修复技术也有缺点，如植物对重金属污染物的耐性有限，植物修复只适用于中等污染程度的土壤修复；土壤重金属污染往往是几种金属的复合污染，一种植物一般只能修复某一种重金属污染的土壤，而且有可能活化土壤中的其他重金属；超积累植物个体矮小，生长缓慢，修复土壤周期较长，难以满足快速修复污染土壤的要求。

由于转基因植物容易诱发物种入侵、杂交繁殖等生态安全问题，以及用于田间试验和大规模推广是否会对食物链和生态环境产生不利影响，需要做进一步的探讨和研究。

植物对重金属的积累效果与许多因素有关，主要有重金属浓度、pH、电导率、营养物质状况、迁移速率（TF），有的还与土壤中磷、铅等微量元素及生物活性有关，因此，合理的农艺措施优化，如调节 pH、施用肥料及螯合剂等也是克服植物修复技术局限性的良好举措。

三、重金属污染土壤的化学和物理化学修复技术

（一）土壤中重金属的固定和稳定（Ｓ／Ｓ技术）

土壤的重金属修复可以通过挖掘、固定化、化学药剂淋洗、热处理、生物强化修复等方式来完成。其中，运用物理和化学的办法把土壤中有毒有害的污染物质固定起来的方法叫作稳定或者固化。也可以采用把土壤中不稳定的污染物质转化为无毒或无害的化合物，间接阻止其在土壤环境中的迁移、转化、扩散等过程，来减少污染的修复技术。

1. 水泥的固化

水泥是一种常见和常用的材料，其在水化过程可以通过吸附、沉降、钝化和与离子交换等多种物理化学过程去除土壤中的污染物质。一起形成氢氧化物或络合物形式停留在水

泥形成的硅酸盐中，最大的好处是重金属加入到水泥中后形成了碱性的环境，又可以抑制重金属的渗滤。为了达到更好的去除效果，在使用水泥作为固化剂的时候需要考虑很多影响因素，常用的水泥为硅酸盐水泥。在使用过程中应该充分考虑水泥自身水灰成分比例，水泥与废弃物之间的比例，以及反应的时间，是否需要投加添加剂，还要控制固化块成型的工艺条件等因素。

使用水泥的同时也存在很多缺点与不足，如硅酸盐水泥硬化后会被硫酸盐所侵蚀，硫酸盐能够与硅酸盐水泥所含的氢氧化钙反应生成硫酸钙或钙矾石，这就使得固化体积膨胀并增加。同时这也是硅酸盐不耐酸雨的原因，重金属会在酸性条件下从固化态的水泥中析出。

2. 石灰／火山灰固化

这种方法是应用各种废弃物，如焚烧后的飞灰、熔矿炉炉渣和水泥窑灰等具有波索来反应的物质为固化材料，对危险废弃物进行修复的方法。这些物质都属于硅酸盐或铝硅酸盐体系，当发生反应时，具有凝胶的性质，可以在适当的条件下进行波索来反应，将污染物中的物质吸附在形成的胶体结晶中。

3. 塑性材料包容固化

塑性材料分为热固性塑料和热塑性塑料两种。热固性塑料是在加热时从液相变成固相的材料，常见的材料有聚酯、酚醛树脂、环氧树脂等；热塑性塑料指可以反复加热冷却，能够反复转化和硬化的有机材料，如聚乙烯、聚氯乙烯、沥青等。

这种方法的好处是当处理无机或有机废弃物时，固化产物可以防水并且抗微生物的侵蚀。同样也存在被某些溶剂软化，被硝盐、氯酸盐侵蚀的情况。

4. 玻璃化技术

玻璃化技术也称熔融固化技术，它的原理是在高温下把固态的污染物加热熔化成玻璃状或陶瓷状物质，使得污染物形成玻璃体致密的晶体结构，永久地稳定下来。在处理后的污染物中，有机物质被高温分解，并成为气体扩散出去，而其中的重金属和其他元素可以很好地被固定在玻璃体内，这是一种比较无害化的处理技术。

5. 药剂稳定化技术

通过投加合适的药剂改变土壤环境的理化性质，比如控制 pH、氧化还原电位、吸附沉淀等改变重金属存在的状态，从而减少重金属的迁移和转化。投加的药剂包括有机和无机药剂，具体要根据土壤中污染物的性质来投加。投加的药剂有氢氧化钠、硫化钠、石膏、高分子有机稳定剂等。有机修复剂在处理土壤重金属污染方面有很大的作用，但同时修复剂的投加也会对生物有一定的毒害作用，需要引起注意。

目前，S／S中的许多技术措施尚处在实验室研究阶段或中试阶段，应加快S／S技术示范、应用和推广，引导环保产业发展。

（二）电动力学修复

电动力学修复，又被称为"绿色修复技术"，具有高效、无二次污染、节能，并能进行原位修复等特点，其基本原理是将电极插入受污染土壤或地下水区域，通过施加微弱电流形成电场，利用电场产生的各种电动力学效应（包括电渗析、电迁移和电泳等）修复污染。

由于水的电解作用导致电极附近pH发生变化，其中阳极产生H^+而使得阳极区呈现酸性，阴极产生OH^-而使得阴极区呈现碱性，同时带正电的H^+向阴极运动，带负电的OH^-向阳极运动，分别形成了酸性迁移带和碱性迁移带。酸性迁移带促使土壤表面的重金属离子从土壤表面解吸并溶解，并且进行迁移。

在这一过程中，土壤pH、缓冲性能、土壤组分及污染金属种类会影响修复效果。尤其是pH控制着土壤溶液中重金属离子的吸附与解吸，而且酸度对电渗析速度有明显影响，所以，如何控制土壤pH是电动修复技术的关键。

控制pH的方法有：通过添加酸来消除电极反应产生的OH^-；在土柱与阴极池之间使用阳离子交换膜；也可在阳极池与土柱间使用阴离子交换膜以防止阳极池中的H^+向土柱移动，造成pH降低而影响电渗析作用；由于铁会先于水氧化而减少氢离子的产生，所以采用钢材料更佳，并定期交换两极溶液。

为了提高修复效率，许多学者对这一方法进行了完善和发展，并提出了电渗析法、氧化还原法、LasagnaTM法、酸碱中和法、阳离子选择膜法和表面活性剂法，以及利用微生物将六价铬转化为低毒三价铬后迁移去除的电动－生物联合修复。

相比于化学固定／稳定化法只能降低土壤中污染物的毒性，却不能从根本上清除污染物，面临着环境条件改变时会重新释放到土壤中的缺点，电动修复显示出很多优点。

电动修复是一种原位修复技术，不必搅动土层，是一种效率较高并且经济的修复技术；在低渗透性、较低的氧化还原电位、较高的阳离子交换容量和高黏性的土壤修复上有较高的去除效率；与化学固定／稳定化技术相比，电动修复是从根本上去除金属离子，并且是使金属离子通过移动去除，不引入新的污染物质，保持了土壤本身的完整性；对现有景观、建筑和结构的影响较小。

但电动修复重金属污染土壤也存在着技术上的局限性：电动修复需要在酸性环境下进行，因此，控制稳定合适的酸性环境是急需解决的问题，但土壤酸化对环境的危害也是不允许的；另一个问题是由于存在活化极化、电阻极化和浓度差极化现象，会使得电流降低，从而降低修复效率；直流电压较高，造成土壤升温而导致的修复效果降低；土壤内部环境，如碎石、大块金属氧化物等会降低处理效率；而污染物的溶解性和脱附能力，以及非饱和水层将污染物冲出电场影响区引起土壤电流变化等因素都会对技术的成功造成不利影响；还有就是修复过程相对耗时，可能长达几年。

第三节　有机物污染土壤修复

一、土壤的有机物污染

随着经济的快速发展和城市化进程的加快，废水、废气、废渣的排放量急剧增加，加之农业生产上大量使用化肥、农药等化学物质，最终致使土壤遭到不同程度的污染。当污染物尤其是持久性有机污染物的进入量超过土壤的这种天然净化能力时，就会导致土壤被污染，有时甚至达到极为严重的程度。

土壤中有机污染物按污染来源分为石油烃类（TPH）、有机农药、持久性有机污染物（POPs）、爆炸物（TNT）和有机溶剂，其主要来源、特性和危害如表5-2所示。

表 5-2　土壤中有机污染物来源、特性及危害

土壤有机污染物	来源	特性	危害
石油烃类（TPH）	石油开采、加工、运输和使用过程中大量进入到环境中	水溶性交叉，生物降解缓慢，对土壤的理化性质及土壤生态系统影响严重	堵塞土壤空隙，改变土壤有机质组成和结构，阻碍植物呼吸作用；破坏植物正常生理功能；沿食物链积累到生物体内，危害健康
有机农药	长期、大量、不合理地使用农药	挥发性小、生物降解缓慢、高毒性、脂溶性强	进入植物体内，导致农产品污染超标，沿食物链积累到生物体内引发慢性中毒；增强土壤害虫的抗药性，毒害大量害虫的天敌
持久性有机污染物（POPs）	施用大量农药、天然火灾及火山爆发	长期残留性、生物累积性、半挥发性和高毒性	能通过各种环境介质长距离迁移沿食物链积累到生物体内，聚积到有机体的脂肪组织里
爆炸物（TNT）	爆炸工业	具有吸电子基团，很难发生化学或生物氧化、水解反应	在土壤环境中停留时间很长，是显著的环境危险物
有机溶剂	废液的不恰当处理、储存罐泄漏	挥发性、水溶性、毒性	抑制土壤呼吸,高浓度的氯化溶剂(TCE)会抑制土壤微生物的生长和繁殖，降低土壤呼吸率

农药污染土壤的主要途径有：将农药直接施入土壤或以拌种、浸种和毒谷等形式施入土壤；向作物喷洒农药时，农药直接落到地面上或附着在作物上，经风吹雨淋落入土壤中；大气中悬浮的农药或以气态形式或经雨水溶解和淋洗，落到地面；随死亡动植物或污水灌溉将药带入土壤。

正构烷烃和多环芳烃是土壤中烃类物质的主要成分。多环芳烃（PAHs）是一类广泛分布于天然环境中的化学污染物，PAHs中某些成分对人体和生物具有较强的致癌和致突变作用，如苯并（α）芘是强致癌物，严重影响人类健康和生态环境。PAHs主要来源于人类活动和能源利用过程，如石油、煤、木材等的燃烧过程、石油及石油化工产品生产过程、海上石油开发及石油运输中的溢漏等都是环境中PAHs的主要来源。

二、有机物污染土壤的原位修复

（一）原位修复的理论

原位生物修复是在污染现场就地处理污染物的一种生物修复技术，通过向污染的土壤中引入氧化剂（如空气、过氧化氢等）和其他营养物质、种植特殊植物甚至接种外来微生物、微型动物等使污染现场的污染物在生物化学作用下降解，达到修复的目的。可以采用的形式主要有投菌法、土耕法、生物培养法和生物通风法等。

（二）原位修复技术

1. 植物修复

（1）植物的直接吸收和降解

植物对土壤有机物的降解包括植物固定和植物降解两部分。植物的固定是通过调节污染土壤区域的理化性质使有机污染物腐殖化得到固定；植物降解是指有机污染物被植物吸收后，可直接以母体化合物或以不具有植物毒性的代谢中间产物的形态，通过木质化作用在植物组织储藏，或中间代谢产物进一步矿化为水和二氧化碳等，或随植物的蒸腾作用排出植物体。环境中大多数苯系物、有机氯化剂和短链脂肪族化合物都是通过植物直接吸收途径去除的。该技术主要用于疏水性适中的污染物，如BTEX、TCE、TNT等军用排废。对于疏水性非常强的污染物，由于其会紧密结合在根系表面和土壤中，无法转移到植物体内。而且挥发性污染物随蒸腾作用转移到大气和异地土壤中时或有毒有害有机物质转移到植物地上部分时可能对其他生物和人类产生一定的风险，故它的应用受到一定限制。

（2）植物分泌物的降解作用

植物的根系可向土壤环境释放大量分泌物，刺激微生物的活性，加强其生物转化作用，这些物质包括酶及一些糖、醇、蛋白质、有机酸等，其数量约占植物年光合作用的 10% ~ 20%。这些根系分泌物中，植物根系释放到土中的酶对污染物的降解起到关键作用，它们可直接降解一些有机化合物，且降解速度非常快。植物死亡后释放到环境中还可继续发挥分解作用。另外，植物还可以分泌共代谢的底物，使难降解污染物发生共代谢作用。

（3）增强根际微生物降解

根际是指受植物根系活动的影响，在物理、化学和生物学性质上不同于土体的那部分微域土区。植物根际为微生物提供了生存场所，并可转移氧气使根区的好氧作用能够正常进行，植物根系分泌的一些物质和酶进入土壤，不但可以降解有机污染物，还向生活在根际的微生物提供营养和能量，刺激根际微生物的生长和活性，促进各种菌群的生长繁殖，使根际环境的微生物数量明显高于非根际土壤，形成菌根，可以增强微生物间的联合降解作用和提高植物的抗逆能力和耐受能力；同时，植物根系的腐解作用可以向土壤中补充有机碳，可加速有机污染物在根区的降解速度；根系的穿插作用能够起到分散降解菌和疏松土壤的作用。反过来，根际环境中微生物的作用不仅能够减轻污染物对植物的毒性，提高植物的耐受性，而且能够有效修复地力，促进植物的生长，从而加速对降解产物的吸收。这一共存体系的作用，将在很大程度上加速污染土壤的修复速度。

2. 微生物修复

微生物能以有机污染物为唯一碳源和能源，或者与其他有机物质进行共代谢而降解有机污染物，由于其自身强大的降解能力和可变异性，且能够适应复杂的自然环境而被广泛用于各类环境介质的污染修复。利用微生物降解作用发展的微生物修复技术是指利用土著微生物或投加外源微生物通过其矿化作用和共代谢作用将有机污染物彻底分解为 CO_2、H_2O 和简单的无机化合物，如含氮化合物、含磷化合物、含硫化合物等，从而消除污染物质对环境的危害，是农田土壤污染修复中较为常见的一种方式。

传统微生物修复技术存在两个问题：第一，降解速度慢，降解不彻底；第二，难降解有机物，生物可利用性低。针对第一个问题，可以利用生物强化技术，添加外源微生物或对土著微生物进行培养驯化，筛选能降解目标污染物的高效菌群，再将这些微生物添加到污染场所，以期在短期内迅速提高污染介质中的微生物浓度，利用它们的代谢作用来提高污染物的生物降解速率。外源微生物可以是一种高效降解菌或者几种菌种的混合，最好直接从需要修复的污染场地中筛选得到，这样可以更快地适应受污染区域的各种环境因素。

对于传统微生物修复技术所存在的问题，除了上述的生物强化和生物刺激外，又发展出了固定化微生物修复技术。固定化微生物修复技术是指利用化学或物理的方法，将游离的微生物（细胞或酶）固定在限定的空间区域内，使其保持活性并能反复使用，将固定后的微生物投入污染环境中进行修复的技术。因能保障功能微生物在农田土壤条件下种群与数量的稳定性和显著提高修复效果而受到青睐。固定化微生物修复技术具有以下优点：一是提高微生物反应的浓度；二是过程易控制；三是耐环境冲击性增强，保护微生物免受污染物毒性的侵害；四是不会造成菌体流失；五是可降低二次污染。

3. 植物－微生物联合修复

在大量研究植物吸收／积累土壤中有机污染物的基础上，人们对植物修复的认识不断得到深化，在研究中不再仅仅局限于对超积累植物的筛选和植物自身的吸收转化作用，越来越多的研究者开始关注植物－微生物联合修复作用，即根际修复，它是在自然条件下或人工引进外源微生物条件下通过微生物直接参与降解污染物质或促进植物生长（也有研究认为是由于植物根的分泌物促进微生物的数量和活性）来强化植物修复的一种修复技术。

4. 物理化学修复

（1）土壤气相抽提（SVE）和生物通风（BV）

SVE 技术是一种通过强制新鲜空气流经污染区域，利用真空泵产生负压，空气流经污染区域时，解吸并夹带土壤孔隙中的 VOCs 经由抽取井流回地上；抽取出的气体在地上经过活性炭吸附法及生物处理法等净化处理，可排放到大气或重新注入地下循环使用。

BV 是在 SVE 基础上发展起来的，实际上是一种生物增强式 SVE 技术。它们都是用于去除不饱和区有机污染物的土壤原位修复方法，但两者也存在一定的不同。第一，二者在系统结构和设计目的上有很大不同。SVE 是将注射井和抽提井放在被污染区域的中心，而在 BV 系统中注射井和抽提井放在被污染区域的边缘效果会更好。此外，SVE 的目的是在修复过程中使空气抽提速率尽可能达到最大，主要用于去除土壤中的挥发性有机污染物，而 BV 的目的是通过优化氧气传送和使用效率从而给污染场所的原位生物创造更佳的好氧条件，其实质是微生物修复。因此，BV 使用相对较低的空气速率，以使气体在土壤中的停留时间增长，从而促进微生物降解有机污染物。第二，两者的使用情况也有所不同。SVE 主要用于含挥发性有机污染物的点源污染类型场所，如汽油储罐泄漏的情况，且具有前期去除污染速率快，后期去除效率迅速降低的特点；而 BV 既可应用于含挥发性有机污染物，也可应用于含半挥发性和不挥发性有机污染物的点源和面源污染场所。

（2）空气喷射（AS）

AS 是去除饱和区有机污染物的土壤原位修复技术，它主要是通过将新鲜空气喷射进饱和区土壤中，产生的悬浮羽状体逐步向原始水位上升，从而达到去除潜水位以下的地下水中溶解的有机污染物的目的。喷射进入含水层的空气能提供氧气来支持生物降解，也能将挥发性污染物从地下水转移到不饱和区，在那里再用 SVE 或 BV 法进行处理。

（3）土壤冲洗技术

土壤冲洗技术是指在水压的作用下，将水或含有助溶剂的水溶液直接引入被污染土层，或注入地下水使地下水位上升至受污染土层，使污染物从土壤中分离出来，最终形成迁移态化合物。该技术所需的运行和维护周期一般要 4 ~ 9 个月，能够用于处理地下水位线以上和饱和区的吸附态污染物，包括易挥发卤代有机物及非卤代有机物。冲洗液通常在污染区域的上游注入，而溶有污染物的废液在下游通过抽提井抽出，并通过收集系统收集后排入废水处理子系统做进一步处理。该技术一般要求处理土壤具有较高的渗透性，质地较细的土壤（如红壤、黄壤等）由于对污染物的吸附作用较强，须经过多次冲洗才能达到较好的效果。

（4）原位化学氧化还原修复技术

原位化学氧化还原修复技术主要是通过掺进土壤中的化学氧化剂与污染物所产生的氧化反应，使污染物降解或转化为低毒、低移动性产物的一项修复技术，它无须将受污染土壤挖掘出来，只须在污染区的不同深度钻井，将氧化剂注入土壤中，通过氧化剂与污染物的混合、反应使污染物降解或导致形态的变化，可用于修复受石油类、有机溶剂、多环芳烃、农药及非溶性氯化物等严重污染的场所或污染源区域，这些物质大都很难被微生物降解从而能在土壤中长期存在，而对于污染物浓度较低的轻度污染区域，该技术并不经济。

该技术中常用的氧化剂主要有 $KMnO_4$、H_2O_2 和臭氧 O_3。其中，$KMnO_4$ 环境风险小，物质稳定，易于控制；H_2O_2 可以利用它的芬顿效应降解有机污染物，但要注意药剂的失效问题；O_3 氧化活性强，反应速度快。技术的工程周期随待处理区域污染特性、修复目标及地下含水层的特性不同而在几天到几个月不等。Gates 等人研究发现，在受污染土壤中投加 $20gKMnO_4$ / kg 土壤时，TCE 和 PCE 的降解率分别可达到 100% 和 90%。Day 研究发现当受污染土壤中苯含量为 100mg / kg 时，通入臭氧量为 500mg / kg 土壤时，苯的去除率可以达到 81%。

而化学还原修复技术是将污染物还原为难溶态，从而使污染物在土壤环境中的迁移性和生物可利用性降低，主要用于处理污染范围较大的水污染羽（Contaminant Plume），工程周期一般在几天至几个月不等。在修复有机污染土壤时常用的还原剂包括：SO_2（一些氯化溶剂）、FeO 胶体（脱除很多氯化溶剂中的氯离子）。

（5）原位加热修复技术

污染土壤的原位加热修复即热力强化蒸汽抽提技术，是指利用热传导（如热井和热墙）或辐射（微波加热）的方式加热土壤，以促进半挥发性有机物的挥发，从而实现对污染土壤的修复，包括高温（＞100℃）和低温（＜100℃）两种技术类型。该技术主要用于处理卤代有机物、非卤代的半挥发性有机物、多氯联苯及高浓度的疏水性液体等污染物，一般需 3 到 6 个月完成修复，在使用该技术时须严格设计并操作加热和蒸汽收集系统，防止产生二次污染。

三、有机物污染土壤的异位修复

（一）异位生物修复机理

当原位修复方法难以有效满足环境要求时，异位生物修复技术成为重要的选择。异位生物修复指将被污染的土壤挖出，移离原地，并在异地用生物及工程手段使污染物降解。它可保证生物降解处于较理想条件下，对污染土壤处理效果好，还可防止污染物转移，被视为一项具有广阔应用前景的处理技术。

（二）异位修复技术

1. 生物堆法

生物堆法是一种用于修复处理受到有机污染的土壤的异位处理方法，通常是将受污染的土壤挖掘出来集中堆置，并结合多种强化措施采用生物强化技术直接添加外源高效降解微生物、水分、氧气和营养物质等，为堆体中微生物创造适宜的生存环境，从而提高对污染物的去除效率，这个过程中也存在挥发性有机污染物的挥发损失。生物堆法常用于处理污染物浓度高、分解难度大、污染物易迁移等污染修复项目。由于它对土壤的结构和肥力有利，能有效限制污染物的扩散，所以，生物堆法已经成为目前处理有机污染最为重要的方法之一。

2. 堆肥化

作为传统的处理固体废弃物的方法——堆肥技术，同样可以应用于受石油、洗涤剂、卤代烃、农药等污染的土壤的修复处理，并可以取得快速、经济、有效的处理效果。堆肥法工程应用方式可分为风道式、好氧静态式和机械式，它是通过在移离的土壤中直接掺入能够提高处理效果的支撑材料，如树枝、稻草、粪肥、泥炭等易堆腐物质，然后通过机械或压气系统充氧，同时添加石灰等调节 pH 稳定。经过一段时间的堆肥发酵处理就能将大部分的污染物降解，消除污染后的土壤可返回原地或用于农业生产。

3. 生物反应器

生物反应器处理法类似于污水生物处理法，它是将挖掘出来的受污染土壤与水混合后置于反应器内，并接种微生物。处理后，土壤－水混合液固液分离后土壤再运回原地，而分离液根据其水质情况直接排放或送至污水处理厂进一步处理。

生物反应器处理法的一个主要特征是以水相为介质，也正因此使其和其他处理方法相比较具有很多优点，如传质效果好、环境营养条件易于控制、对环境变化适应性强等，但是其工程复杂、费用高。

4. 土壤淋洗修复技术

土壤淋洗的作用机制在于利用淋洗液或化学助剂与土壤中的污染物结合，并通过淋洗液的解吸、螯合、溶解或固定等化学作用，达到修复污染土壤的目的，主要通过以下两种方式去除污染物：一是以淋洗液溶解液相或气相污染物；二是利用冲洗水力带走土壤孔隙中或吸附于土壤中的污染物。

源于采矿与选矿的原理，通过物理与化学方式从土壤中分离污染物。美国联邦修复技术圆桌组织（FRTR，2002b）推荐的异位土壤淋洗技术流程主要包括如下步骤：一是污染土壤的挖掘；二是土壤颗粒筛分，即剔除杂物如垃圾、有机残体、玻璃碎片等，并将粒径过大的砾石移除，以免损害淋洗设备；三是淋洗处理，在一定的土液比下将污染土壤与淋洗液混合搅拌，待淋洗液将土壤污染物萃取出后，静置，进行固液分离；四是淋洗废液处理，含有悬浮颗粒的淋洗废液经过污染物的处置后，可再次用于淋洗步骤中；五是挥发性气体处理，在淋洗过程中产生的挥发性气体经处理后可达标排放；六是淋洗后土壤的处置，淋洗后的土壤如符合控制标准，则可以进行回填或安全利用，淋洗废液处理过程中产生的污泥经脱水后可再进行淋洗或送至终处置场处理。异位土壤淋洗修复技术适用于土壤黏粒含量低于 25%，被重金属、放射性核素、石油烃类、挥发性有机物、多氯联苯和多环芳烃等污染的土壤。

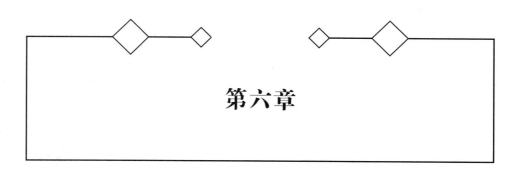

第六章

废弃矿区修复

第一节　矿区废弃地的植被修复

一、矿区废弃地植被修复的程序

（一）制定目标

矿区废弃地植被修复规划常用的逻辑方法基本上可以分为以目标为导向和以问题为导向两类。当然，大多数规划实践和类型都会灵活运用这两类方法，既有前者，也需要后者，只是侧重点不同。对于矿区废地植被修复来说，虽然是面对生态环境存在的种种问题所进行的解决和改善，但是这些策略和手段运用的背后，究竟该达到什么样的效果，或者说如何来判断这些规划策略与空间干预的手段是否达到效用，这就需要一个明确的目标来衡量规划过程的实效。因此，矿区废地植被修复工作的开展，应当围绕矿区废地发展目标、矿区废地原有定位，明确矿区废地植被修复对实现未来城市目标的积极作用，明确其在生态方面的重要价值。

（二）明确任务

矿区废地植物修复要以问题为导向，要对城市问题进行综合分析，诊断矿区废弃地的生态、空间、风貌、设施等方面的问题，研究各个层面与各个板块问题的起源、因素及重点和难点，明确各个环节的迫切性，选取最为突出和民生关注度最高的问题，合理安排工作重点，以保证规划设计的可操作性。人们面向更广阔的地域，结合具体情况，解析现状，并进行针对性研究，再提出对应解决方案，从而做到有的放矢。

（三）总体规划

矿区废地植被修复工作涉及面广，涵盖了设计、实施、建设、管理等诸多环节，各类工作之间相互关联性强，需要统筹协调，系统地开展工作。首先系统统筹，形成矿区废地植被修复总体规划；然后分项、分类编制方案，针对不同项目分步骤、逐步落实，并建立相应的管理和监督负责等机制。针对具体存在的问题，系统梳理、总体统筹制订行动步骤和实施重点；专项规划要制订更为详细和深入的实施细则，在矿区废地植被修复总规划的基础上，结合以往专项规划成果，针对各类问题，深入剖析，确定措施和相应的实施方案。

（四）行动方案

矿区废地植被修复内容庞大、覆盖面广，其具备系统化的特征，还有"总体规划＋分项规划"的成果编制，这在一定程度上说明了这项工作在规划研究和编制层面的长效性特征。由于矿区废地植被修复规划具有更加明确的目标导向和更为具体的实施要求与效用，所以，从规划的实施性来讲，它比一般规划具有更长的实施周期和更为周全的过程性要求，并且作为我国城市化转型期的重要规划创新，它所具有的示范效应不仅仅体现在规划技术变革方面，更体现在规划工作方法的创新上，这种工作方法需要地方相关部门的长期配合与管理。

矿区废地植被修复是一项历时较长且面向实际的复杂工程。它囊括了多个专项规划，需要多种专业和多个层面的工作人员集体配合，是一项耗时耗力且成本不低的庞大项目。在开展矿区废地植被修复的过程中，人们应当且一定要遵循的基本原则就是经济适用，不铺张浪费，要让每一份力、每一项工作的收益尽可能最大，集约化利用资源、人力，避免劳民伤财的面子工程，实事求是地开展工作，使"城市修补、植被修复"成为一项物超所值的城市改善工作，而不是给城市带来负担的政绩工程，要讲求实效，禁止浪费。

二、矿区废弃地植被修复工程

由于植被对矿区废弃地生态系统的稳定起到关键作用，对矿区废弃地植被破坏的修复，一般采用保护优先、防治为本、修复辅助的原则，将山区植被划分为植被保护区、植被防治区和植被修复区，根据不同分区分别采用绿化基础工程、植被工程、植被管理工程等，恢复其生物多样性及生态系统服务功能。

（一）绿化基础工程

绿化基础工程是指把不适宜植物生长发育的环境改变为适宜植物生长发育、创造植物生长发育理想环境的工程，旨在确保生长发育基础的稳定性，改良不良的生态环境，缓和严酷气象条件和立地环境。其具体措施包括排水工程、挡土墙工程、挂网工程、坡面框格防护、柴排工程、客土工程和防风工程等。

（二）植被工程

植被工程是播种、栽植或促进自然侵入等植被恢复技术的总称，包括从种子开始引入植物的播种工程，通过栽植而引入植物的栽植工程，还有促进植被自然入侵的植被诱导工程。

（三）植被管理工程

植被管理工程是指帮助修复过程中所引种的植物尽早稳定地接近目标群落规模，并且发挥群落环境保护功能而进行的工作，其具体内容包括培育管理、维持管理、保护管理。

三、植被修复的基本原则

（一）最大限度地降低对外来物种的依赖

当地物种经过数千年的进化，已经适应了当地的各种条件。生态系统中的不同物种对资源的利用是相互关联的；共享生态系统的不同物种对资源的利用有着错综复杂的平衡关系，任何在当地条件下生存下来的外来物种，都有可能打破这种平衡，直接杀死当地植物或者与当地植物争夺空间和养分。当地植物种群大量减少的时候，依赖当地植物提供适宜的食物和栖息地的许多其他物种（如鸟类、哺乳类、无脊椎动物和菌类）也将减少甚至消失，这将降低生态系统抵御病虫害暴发的能力。中国拥有许多不同的生物群系，在中国分布的大多数物种并非自然地分布于全国范围。当地物种是自然生长在特定的生物地理区域中的物种；不是所有在中国分布的物种在中国任何一个特定位置都是"当地"的。

（二）以形成适宜的顶极植被为目的

天然植被可以使水分有效渗透到土壤中，有利于水土保持。恢复退化景观的目的应该是尽可能再造原始的、天然的植被类型（森林、灌木林、草原）。生态系统成分的任何改变，都会改变并削弱原始生态系统的功能。例如中国高原地区的天然植被是草原和灌丛，种植柳树、杨树或其他的树木是不符合科学原理的。这种情况下，最好的恢复方法是用良好配比的当地草和灌木物种，将这些土地恢复到退化以前的样子，恢复后的植被必须有充分代表性的各个林层，这些林层可以包括灌木和竹丛层、草本植物和苔藓层及落叶层。

顶极生物群落的特征是其不仅有林冠植被而且有林下层。我国许多地方，天然林的林冠层以针叶树占优势，但是通常总是由阔叶树或竹子组成的林下层。因此，生态恢复的时候应当保证新的森林拥有上下两层的物种。人们应该制订计划采集野生种子并建立必要的苗圃。

在进行植被恢复时，应该在森林中形成厚厚的落叶层、苔藓层、竹林层或浓密的地表植被。人工林因为林下太暗，自然抑制了下层植被生长，其保护土壤和水分的能力通常也较差，树根暴露在外，清楚地表明水土流失严重，许多人工林的结构都需要进行改良。

（三）提高异质性，遵循自然演替途径

由于人类干扰，中国大部分土地已经从顶级生态系统退化到了各种不同的演替阶段。植物群落的演替是长期的过程，但在人类持续干扰下，植被始终停留在早期阶段，甚至进步退化。因此，人们应提高其异质性，遵循自然演替途径。

（四）优先保护现有天然生态系统

有关部门应该系统地规划中国的保护区系统，使其覆盖所有类型的天然植被，还需要

加强对这个系统的管理，确保生态系统的完整性，并使其功能得到保持和恢复。真正的自然保护区不应该是狩猎捕鱼、采集、采伐或放牧的地方。未受干扰的溪流和江河对周围生态系统的功能也很重要。确保保护区管理的目的是保护生物多样性。自然保护包括防止陆地和水生生境受到破坏，禁止人们采集或狩猎野生物种，这就要求大众的自然保护意识和能力全面提高。

（五）恢复植被中物种之间的生态交互作用

天然林有富含土壤生物（蚯蚓、跳虫、蚂蚁、白蚁、穴居蜥蜴与哺乳动物等）的生物区系，从而增加了土壤层的空气流通、提高了土壤的渗透性与肥力。经济林地面有时由于土壤板结，可以渗入的水很少，而草本植被可以改善这种情况。此外，深根和浅根树木相结合增强了水的渗透力，使其可以浸入土壤和下层岩石中。大多数人常清除树下的杂草，因为他们认为杂草会与树木争夺水肥，但是这样做的结果却增加了水土流失。事实上，草本植物对树木的负面影响很小，有些豆类植物可以通过固氮作用来增加土壤营养以发展生态林业。人们需要了解森林中动物所起的多样而复杂的作用，如种子传播者和授粉者，或者控制害虫传播的媒介等。了解不同物种的需要，人们就可以采取简单的森林治理措施来加速自然再生过程。

（六）通过封山育林育草扩展天然生态系统

在恢复植被和生态保持方面，重要的措施是要建立更多自然保护区，在重点地区严格贯彻保护措施。例如海岸带、江河源头地区（高山湖泊和溪流）、具有保水海绵功效的森林地带（森林的核心地区）和饮用水水源区（水库）等。人们并不一定需要建造围栏来封闭土地，但需要建立法规来严格禁止采伐、樵采、焚烧植被和放牧家畜等行为。有蹄类动物可能吃掉幼树和其他植物，阻止其再生。有蹄类动物踏出的小径会发展成侵蚀沟壑，使表层土壤松散，大雨时则会被冲走。因此，这样的动物应该限制在牧场或围场中。

封山之后，植被物种多样性和地表生物量都会明显增加。树木的自然再生对森林的恢复十分重要。灌木和矮灌木林生态系统中，时常散生着树木或幼苗，在被保护条件下，自然再生的森林区域通常有多物种组分和由林冠层、林下灌木层和草本层组成的垂直结构。它们通常有大量朽木和枯枝落叶，这有利于改善林地条件，并促进其进一步恢复。封闭对草原的生态恢复也有很好的效果。"退耕还林、还草"是中国西部大开发战略的重要措施。

四、植物的选择

（一）树种选择

矿山废弃地植物种类的选择要坚持"适地适树"的原则，以本地树种为主，适当选用经过多年引种和驯化的外来植物品种，以增加生物多样性和景观多样性。选择的树种要有利于矿区的水土保持和土壤改良，要优先选择抗干旱和耐贫瘠的树种；要考虑乔灌草植物品种的综合利用，尤其要考虑优良的灌木树种在植被的防护和土壤改良功能方面的特点，它们是植被群落结构中不可缺少的一个层次，可以使矿区废弃地提早郁闭，加快绿化和生态恢复的速度，并具有保持水土的作用。

（二）植被恢复过程中的整地措施

整地措施包括场地平整、覆盖表土等，一般根据土壤风化程度和种植植物品种的不同，有无覆盖、薄覆盖和厚覆盖三种表面覆盖方式，具体选用哪种方式主要取决于技术和经济两个重要因素。除平整、覆土措施外，整地措施还包括对酸碱土壤的中和、树木种植时提前挖穴等。

（三）植物栽植技术

草本植物一般采用播种方式。为了保证草种的发芽率，目前大多采用喷播技术。木本植物大多采用栽植技术，常用的栽植技术有覆土栽植技术、无覆土栽植技术、抗旱栽植技术（保水剂技术、覆盖保水技术）、容器苗造林技术、ABT生根粉技术等。

五、破坏山体植被恢复树种选择及其抗旱性

（一）不同破坏山体类型造林绿化及植被恢复适宜树种

1. 青石山造林绿化及植被恢复树种

（1）乔木

乔木包括侧柏、圆柏、龙柏、麻栎栓、皮栎、榆树、桑树、臭椿、黄连木、核桃、板栗、构树、青桐、山楂、杜梨、山杏、山桃、乌桕、国槐、龙牙揔木、刺槐、黄栌、火炬树、栾树、君迁子、柿树、皂角、苦楝、白蜡、华北五角枫、紫叶李、女贞、车梁木等，可植于采石坑迹地平台、尾矿库绿化平台、路边及采坑周边废弃荒山等稳定的地方。

（2）灌木

灌木包括铺地柏、胡枝子、紫穗槐、花椒、连翘、荆条、金银花、卫矛、大叶黄杨、小叶黄杨、木槿、紫叶小檗、酸枣、榆叶梅、锦鸡儿、扁担杆子、枸橘等，主要栽植于岩体坡面、采坑周边及废弃荒山上，并可与草本配合使用，组成灌草一体的恢复方式。

（3）藤本植物

藤本植物包括五叶地锦、爬山虎、山葡萄、葛藤、扶芳藤等，适用于岩体及破坏山体坡面的垂直绿化。

（4）草本

草本植物包括紫花苜蓿、沙打旺、草木樨、黑麦草、高羊茅、无芒雀麦、结缕草等，可用于采坑迹地平台、采坑周边、公路沿线等场所的绿化及植被恢复。

2.砂石山造林绿化及植被恢复树种

（1）乔木

乔木包括白皮松、黑松、油松、赤松、雪松、华山松、龙柏、核桃、板栗、桑树、构树、麻栎、栓皮栎、榆树、杨树、青桐、山楂、杜梨、山杏、山桃、国槐、龙牙楤木、刺槐、黄栌、火炬树、盐肤木、栾树、君迁子、柿树、皂角、臭椿、苦楝、白蜡、黄连木、华北五角枫、紫叶李、女贞、车梁木等，可植于采石坑迹地平台、尾矿库绿化平台、路边及采坑周边废弃荒山等稳定的地方。

（2）灌木

灌木包括铺地柏、胡枝子、紫穗槐、花椒、连翘、荆条、金银花、卫矛、大叶黄杨、小叶黄杨、木槿、紫叶小檗、榆叶梅、锦鸡儿、扁担杆子、枸橘等，主要栽植于岩体坡面、采坑周边及废弃荒山上，并可与草本配合使用，组成灌草一体的恢复方式。

（3）藤本植物

藤本植物包括五叶地锦、爬山虎、山葡萄、葛藤、扶芳藤、蔷薇等，适用于岩体及破坏山体坡面的垂直绿化。

（4）草本

草本植物包括紫花苜蓿、沙打旺、草木樨、黑麦草、高羊茅、无芒雀麦、结缕草等，可用于采坑迹地平台、采坑周边、公路沿线等场所的绿化及植被恢复。

3.混合山体造林绿化及植被恢复树种

混合山体类型兼具青石山和砂石山两种岩体类型，具备两种岩性的典型特征，因此，两种岩体下的植物种均适用于混合山体造林绿化及植被恢复。

（二）树种抗旱性分级

人们要结合盆栽试验及各个示范点的环境特征、植物的生长特性、抗旱能力按照因地制宜、适地适树、可持续经营的原则，选择树种，各树种按抗旱性分为以下四种：

1.乔木

乔木包括白皮松、黑松、油松、赤松、雪松、华山松、侧柏、圆柏、龙柏、核桃、板栗、桑树、构树、麻栎、栓皮栎、榆树、杨树、青桐、山楂、杜梨、山杏、山桃、乌桕、国槐、龙牙槭木、刺槐、黄栌、火炬树、盐肤木、栾树、君迁子、柿树、皂角、臭椿、苦棟、白蜡、黄连木、华北五角枫、紫叶李、女贞、车梁木等，可植于采石坑迹地平台、尾矿库绿化平台、路边及采坑周边废弃荒山等稳定的地方。

2. 灌木

灌木包括铺地柏、胡枝子、紫穗槐、花椒、连翘、荆条、金银花、卫矛、大叶黄杨、小叶黄杨、木槿、紫叶小檗、酸枣、榆叶梅、锦鸡儿、扁担杆子、枸橘等，主要栽植于岩体坡面、采坑周边及废弃荒山上，可与草本配合使用，组成灌草一体的恢复方式。

3. 藤本植物

藤本植物包括五叶地锦、爬山虎、山葡萄、葛藤、扶芳藤、蔷薇等，适用于岩体及破坏山体坡面的垂直绿化。

4. 草本植物

草本植物包括紫花苜蓿、沙打旺、草木樨、黑麦草、高羊茅、无芒雀麦、结缕草等，可用于采坑迹地平台、采坑周边、公路沿线等场所的绿化及植被恢复。

在种植时必须遵循山地植被的演替规律，要先草后木，草、灌、藤、木合理搭配。

六、人工播种造林绿化

直播是将林木种子或草种直接播种在造林或草地上进行植被恢复的方法。这种方法省去了育苗工序，而且施工容易，便于大面积进行。直播应选用种子发芽容易、种源充足的树种或草种，如栎类、核桃、山桃、山杏等大粒种子或紫花苜蓿、沙打旺等草种。直播方法有撒播、穴播、条播等。播种前要进行种子处理，播种后要进行管理。

（一）播种前的种子处理

播种前种子处理的目的是完成种子发芽准备，加速种子发芽，缩短留土时间，保证出苗整齐，预防动物及病虫害的危害。常用措施有消毒、拌种、浸种、催芽。春播时深休眠种子要浸种催芽，但是如果造林地比较干旱，晚霜与低温危害严重则不宜浸种。雨季一般播种干种子，如果能准确掌握雨情，也可浸种。秋季播种时一般都不浸种、催芽。病虫害危害严重的地方应进行消毒液浸种、闷种或拌种。

（二）播种方法

1. 撒播

撒播是均匀地撒播种子到造林地的方法。使用该方法一般不整地、播种后不覆土，种子在裸露条件下发芽。该方法工效高、成本低、作业粗放，但是种子易被植物截留、被风吹走或被水流冲走、被鸟兽吃掉，且发芽的幼苗根系有时很难穿透地被层，适用于荒坡、采坑边缘及边坡的裂隙，选用的种子多为中小粒的灌木或草本植物种子。

2. 条播

条播就是按一定的行距进行播种的方法。播种时可播种成单行也可双行连续或间断。播种后要覆土镇压。该方法适用于采坑坑底、覆土后的弃渣场、尾矿库绿化平台等。选用的种子多为灌木树种、乔木树种或草种等。

3. 穴播

穴播是按一定的行、穴距播种的方法。人们根据树种的种粒大小，每穴均匀地播入数粒到数十粒种子，播种后覆土镇压。该方法操作简单、灵活、用工量少，适用于各种立地条件，特别适用于破坏山体采坑边缘、周围荒坡及荒山。该方法大、中、小粒径的种子都适用。

4. 组团簇播

在小范围内，挖取 5 个小穴，在每个穴内穴播一种植物，每穴内播种数粒或十数粒种子的方法被称为组团簇播。组团簇播可形成群体效应，能加快植被恢复进程。

七、植被修复技术

（一）植物固定

植物固定就是利用植物及一些添加物质使金属矿区土壤中的金属流动性降低，生物可利用性下降，使金属对生物的毒性降低。有学者研究了植物对土壤中铅的固定情况，发现一些植物可降低铅的生物可利用性，缓解铅对环境中生物的毒害作用。然而，植物固定并没有将土壤中的重金属离子去除，只是暂时将其固定，使其对环境中生物的毒害作用减小，没有彻底解决土壤中的重金属污染问题。如果土壤条件发生变化，金属的生物可利用性可能又会发生改变。因此，植物固定不是一个很理想的去除环境中重金属的方法。

（二）植物挥发

植物挥发就是利用植物去除矿区土壤中的一些挥发性污染物的方法，即植物将污染物吸收到体内后又将其转化为气态物质，释放到大气中，以降低土壤污染。例如湿地上的某些植物可清除土壤中的硒。

（三）植物吸收

植物吸收就是利用能耐受并能积累金属的植物吸收土壤中金属离子的方法，是目前研究最多并且最有发展前景的一种利用植物去除土壤中重金属的方法。植物吸收需要能耐受且能积累重金属的植物，因此，研究不同植物对金属离子的吸收特性，筛选合适的植物是研究的关键。能用于植物修复的，最好的植物应具有的特性：一是即使在污染废物浓度较低时也有较高的积累速率；二是能在体内积累高浓度的污染物；三是能同时积累几种金属；四是生长快，生物量大；五是具有抗虫抗病能力。经过不断的实验室研究及野外实验，人们已经找到了一些能吸收不同金属的植物种类及改进植物吸收性能的方法，并逐步向商业化发展。

八、植苗造林技术

植苗造林应用的苗木，主要是播种苗（实生苗）、容器苗和移植苗。植苗造林后，苗木能否成活，关键在于苗木本身能否维持水分平衡，因此，在造林过程中的各个环节都要避免苗木失水过多，最好是随起苗随栽植，尽量缩短苗木离土时间，各环节要保持苗根湿润，当天栽不完时要假植，一些常绿树种可修剪枝叶、修除过长主根。大苗栽植时应带土球。容器苗因其带有一定的基质，能保证根系不受损伤而被广泛应用。容器苗栽植时也应随造随运随栽，在运送前要保证苗木湿润，以提高造林成活率。

植苗造林时要严格按照"三埋二踩一提苗"的规程，栽植前挖穴，保证根系在穴内舒展，穴深根据苗木规格而定，一般为 0.3 ~ 0.5m，大苗可采用 0.6 ~ 1m。把苗放入穴中心，将根系舒展后填土，填土到一半时轻提苗木，使根系舒展（但不可埋得过深，此时将苗木提上一大截，会使苗木的根系呈拖把状，影响根系生长）。苗木栽植深度一般要在根茎以上 2 ~ 3cm。易发生萌蘖的苗木栽植深度可达苗茎的 1／2，这有利于抑制萌蘖。栽种时要边填土边打紧，使苗木根、系与土壤接触紧密，以利于根系吸收水分。最后要盖上一层松土并培成馒头形，以减少土壤水分蒸发，同时避免穴内积水而导致根系腐烂。

造林宜在春季和雨季进行，造林的顺序一般为先栽落叶树种，后栽常绿树种。

九、封育恢复植被技术

封育就是采取封禁，减少人、畜等外界因素对林地的干扰，以恢复植被和促进林木生长的措施。封山育林是利用植被的更新能力，在自然条件适宜的山区，实行定期封山，禁止垦荒、放牧、砍柴等人为的破坏活动，以恢复植被的一种方式。根据实际情况，其可分为"全封"（较长时间内禁止一切人为活动）、"半封"（季节性的开山）和"轮封"（定期分片轮封轮开）。这是一种投资少、见效快的植被恢复方式。

封山育林育草是加速破坏山体绿化和植被恢复的关键措施，具有用工少、成本低、见效快、效益高等特点，对加快绿化速度，扩大森林面积，提高森林质量，促进社会经济发展发挥着重要作用。在破坏山体造林绿化后，首先要全封，即封育期间不得进行樵采、放牧割草、挖药材、挖野菜等活动，尤其重点保护那些在石缝间生长的植物；然后 3 至 5 年后可采用半封的方式，即在林木主要生长季节实施封禁，其他季节，在不影响植被恢复、严格保护目的树种幼苗、幼树的前提下，可在适当季节有计划、有组织地进山采收林副产品。

封育措施主要应用于破坏山体初期造林绿化及植被恢复阶段，等植被恢复起来，便可有计划地进行开发利用，甚至作为森林公园、公共绿地等场所使用。此外，封育更多地被运用于破坏山体周边荒山荒坡受损植被的恢复与更新工作。

十、造林绿化及植被恢复

造林绿化及植被恢复模式配置关键是依据立地类型，选择合适的立地综合整治技术，结合适宜的植物种类进行植被配置。配置时不仅追求绿化效果，而且要力求体现景观、美化、香化等多元化效果，同时依据不同的立地类型，进行了从采坑迹地平台、坑底边缘到峭壁、边坡及周边荒坡，从整地技术、植物材料选择、配置模式直到后期管理的一系列技术整合。其中，二次定点爆破造穴客土回填造林模式为一大创新。此外，抚育管理关键技术则包括松土除草、浇水、施肥、林地管护和有害生物防治等措施。

第二节 废弃矿区的再生设计

对于废弃矿区的生态修复来说，废弃建筑的再生利用也是其中的一项重要内容，矿区中的废弃建筑具有重要的历史、文化价值，对其进行再生设计不仅能够改善废弃矿区的整体环境，还能够利用其进行旅游开发。

一、基于安全的废弃矿区再生的设计技术

（一）建筑结构加固设计技术

1. 废弃矿区建筑再生设计加固的原则

结构构件加固改造应遵循以下基本原则：

第一，全面了解原有结构材料和结构体系。结构加固方案确定前，人们要对已有结构进行检查和可靠性分析，全面了解已有结构的材料性能、结构构造和结构体系及结构缺陷和损伤等信息，分析结构受力现状和持力水平，为确定加固方案奠定基础。

第二，结构加固技术可靠。结构加固方案的选择应充分考虑已有结构实际状况和加固后结构受力特点，保证加固后结构体系传力线路明确、结构可靠；保证新旧结构或材料的

可靠连接，还要尽量考虑加固施工的具体特点和加固施工的技术水平，在加固方法的设计和施工组织上采取有效措施，减少对使用环境和相邻建筑结构的影响，缩短施工周期。

第三，减少建筑损伤和利用原有结构承载力。在改造过程中要尽量减少对原有结构或构件的拆除和损伤。设计人员在经结构检测和可靠性鉴定后，对结构组成和承载能力等有了全面了解的基础上，尽量保留和利用其作用。大量拆除原有结构构件，对原有结构部分可能会带来较严重的损伤，使新旧构件的连接难度较大，既不经济还有可能对加固结构留下隐患。

第四，加强加固结构检查。在加固实施中，人们要加强对实际结构的检查，发现与鉴定结论不符或检测鉴定时未发现的结构缺陷和损伤，及时采取措施，消除隐患，最大限度地保证加固效果和结构的可靠性。

2. 结构加固的主要技术

（1）混凝土结构加固技术

混凝土结构加固技术包括增大截面配筋加固法、体外预应力加固法、改变结构受力体系加固法、碳纤维布加固法。比如对于增大截面配筋加固法来说，其一般用来在钢筋混凝土梁底面或侧面加大尺寸，增配主筋，提高钢筋混凝土主梁截面的有效工作面积，以达到提高结构物承载能力的目的。在施工质量得到保障的条件下，这种加固技术的效果很理想，而且一次性施工后几乎不需要后期养护，很多建筑项目经常采用该加固方法。再比如对于体外预应力加固法来说，这种加固方法比较适用于跨度较大或重型结构的加固。

（2）钢结构加固技术

钢结构厂房加固技术措施通常分为两类：一类是改变结构的计算简图；另一类是对构件及连接加固。加固设计时人们应按下述次序优选技术方案：

①加设辅助杆件以减小受压杆件的长度。

②改造梁、柱节点的连接方式，改善结构的内力分布特点。

③加设中间支柱或斜撑以减小梁的跨度，提高其承载力。

④当施工空间受限时，可采用预应力技术构件获得与荷载效应相反的内力，优化构件的内力分布，在不增加或少增加截面的情况下，实现结构加固的目的。

⑤按平面结构设计的体系进行空间工作。

⑥使维护结构和承重结构共同工作。

⑦改变梁、柱截面的几何参数等。

（二）建筑抗变形设计

1. 抗变形结构措施的选择

在地表不稳定区上方修建建筑物时，在建筑荷载引起的附加应力作用下，由于邻区开采、地下水活动等因素，可能打破不稳定区上方采动破碎岩体的相对应力平衡状态，使地表不稳定区"活化"，导致地面产生不均衡沉降或突然塌陷，造成建筑物沉降变形、局部开裂等。因此，对不稳定区上方建筑物采取抗变形保护措施，能确保建筑物的安全。

在对建筑物进行抗变形设计时，一般会采取柔性设计，以吸收部分地表变形，或使建筑物整体具有足够的柔性，以适应地表的不均匀沉降和变形，减小因地表变形所产生的附加应力，如设置变形缝、缓冲沟，减小建筑物单元长度，或将建筑物框架设计成可以相对活动的铰接钢框架的柔性建筑物等；也可采用刚性设计原则，提高建筑物各独立单元的刚度和整体性，增强其抵抗地表变形的能力，如加强各单元基础的刚度和强度，增设附加构件，进行构件补强加固等。也可将基础设计成可调基础，如发生不均衡沉降，可用千斤顶调整。

2. 地基及基础的处理

对倾斜变形、曲率变形较大的区域，应对地基加以处理。相对较软的地基，要使基础切入地基量增大，减小建筑物倾斜变形。同时，松软地基有利于减小建筑物曲率变形。在压缩变形较大的区域，深于基础的变形补偿沟作用明显，一般可吸收建筑物所在处压缩量的80%。地基系数小的地区的建筑物在受采动影响时基础不断向地基内切入，存在着一个不断局部压实地基的过程，使承受垂直压力的滑动层沿水平方向的滑动变得困难。因此，在该地区设置基础滑动层的效果很不明显，在地基系数较大区域，滑动层将起到减小建筑物水平变形、曲率变形的作用。

基础抗变形能力的大小对建筑物整体抗变形能力有着至关重要的影响，抗变形能力强的基础既可以抵抗地表的不均匀沉降，又可以减小不均匀沉降对上部结构的不利影响。设计好基础是抗变形建筑设计的关键。塌陷区上部建筑物的基础最好采用抗变形整体基础设计，整体基础具有强度高、刚度大的特点，这些基础对建筑物抵抗地表变形比较有利。在一般建筑物中，其基础形式由地基承载力、上部荷载和上部结构形式等决定。对于采空区抗变形建筑物来说，基础形式的选择必须在考虑上述因素的同时，还要考虑地表残余变形的不利影响。

3. 框架结构抗变形建筑的设计

从经济、施工和结构刚度多方面考虑，多层或建筑物的结构形式多选用框架结构。在地表变形区，由于基础和上部结构刚度影响的相互作用，框架结构：一方面会抑制部分基础位移和变形，使基础位移和变形远远小于地表移动变形值；另一方面使基础将地表移动变形产生的附加影响传递给上部结构。对框架结构而言，开采造成的附加影响表现为框架附加内力和附加变形。多层框架的附加变形除底部一、二层外，以上各层呈现相似性，附加变形可能使框架各构件的挠度超出正常使用极限。以单独基础为例，无论哪一种地表移动变形项引起的附加内力，虽然其侧重点不同，但附加内力都主要集中于框架底部一、二层梁柱上，且其量值相当大，往往超出常规（恒载＋活载）下框架原始内力的几倍，特别是底层梁端部支座处弯矩不仅量大，且随开采过程的推进会发生方向变化，底柱易因附加轴力过大而出现超筋。因此，在受地表变形影响的区域，按常规荷载、常规方法设计框架，其底部梁柱显然是不安全的。在开采塌陷区使用框架结构的建筑物时，设计人员必须结合其附加受力和变形的特点，进行特殊的抗变形设计。

二、创新理念指导下的废弃矿区再生设计

（一）废弃矿区再生设计应用的理念

1. 低影响开发

低影响开发（LID）是国外针对城市雨水管理问题而提出的新模式，是一种创新的雨水管理方法，它具有以下四个基本特征：

一是 LID 旨在实现雨水的资源化。该理念认为，雨水也是一种资源，而不是负担和灾害，城市内涝问题出现的根源不是雨水，而是人们对雨水不能合理利用。它主张通过布置合理的生态设施从源头上对雨水进行开发利用，使整个区域开发建设后的水循环尽量接近开发前自然的水文循环状态。

二是优化设施布局。LID 采用各种分散的、均匀分布的、小规模的生态设施，主要包括屋顶花园、雨水花园、植被浅沟、透水铺装等软性设施，以实现对雨水的渗透、拦截、滞留和净化，从而实现区域水文的可持续发展。

三是系统化。LID 的系统化主要包含两个方面：一方面是 LID 内部设施的系统化，内部单项设施之间并不是孤立的，而是相互连接的，它们共同形成了一个系统；另一方面 LID 作为一种柔性的雨水管理方式，与雨水管道系统及超标雨水径流排放系统等刚性措施是相互统一的，它们共同构成了雨水管理的大系统。

四是提倡"微循环"。LID 与其他的雨水管理方式最大的区别在于，它提倡在区域内部实现雨水的微循环，通过区域内部的生态设施将雨水资源化，就地解决洪涝问题。

LID 作为一种新型的雨水管理模式，主要目标是实现径流总量控制、径流峰值控制、径流污染控制、雨水资源化，从而降低城市的内涝风险，实现城市的可持续发展。同时，

其还具备渗透、调节、储存、净化雨水的功能，这四大功能之间相互协调，为实现对雨水的控制而共同发挥作用。为了达到这些目标和实现对雨水的管理，LID 设计了许多具体的生态化设施，主要包括屋顶绿化、雨水花园、植被浅沟、透水铺装、雨水湿地、蓄水池、景观水体、生态树池等，这些设施可以单独运用，也可以组合成体系共同发挥作用。

2.海绵城市

海绵城市，顾名思义是指城市能够像海绵一样，在适应环境变化和应对自然灾害等方面具有良好的"弹性"，其在下雨时吸水、蓄水、渗水、净水，需水时将蓄存的水"释放"并加以利用。海绵城市具有如下四个方面的深层次含义：

第一，海绵城市理念与国外的 LID 雨水管理理念一脉相承，它是中国化的 LID。因此，LID 的许多技术手段都可以运用到海绵城市建设的过程中。

第二，海绵城市从本质上要剔除传统城市粗放式的建设方式，旨在使城市发展和环境保护相协调，从而建设生态型城市，实现城市的可持续发展。

第三，海绵城市充分尊重自然规律，在管理城市雨水时，遵循三个"自然"原则，即自然积存、自然渗透、自然净化，主张在城市建设过程中，维持水文原有的自循环。

第四，实现绿色基础设施和灰色基础设施的有效衔接。海绵城市建设并不是完全只要"绿"，而摒弃传统的"灰"，它是基于我国国情提出的，就必须考虑到我国正处于快速城镇化阶段，纯粹依靠"绿"来解决城市雨水问题是理想化的。

海绵城市是生态城市建设的重要组成部分，为实现城市的"海绵体"效应，能够弹性地应对城市雨水问题，其建设过程中主要包括三大途径：首先，没有人类活动介入的自然界本身就是一个巨大的循环系统，遵循着物质能量守恒定律，而随着人类对自然的影响越发严重，当务之急就是要保护原有的生态环境，发挥河流、湖泊、沟渠、湿地、坑塘等自然水体调蓄雨洪的作用；其次，在城市化快速推进和传统粗放式的建设模式影响下，许多区域的生态环境已遭到严重的破坏，这些区域最迫切的要求就是要采取生态环境保护措施和工程措施实现生态恢复与修复；最后，在当今城市建设过程中，人们要遵循低影响开发的理念，努力使开发前与开发后城市水文特征基本接近，尽量维持自然的水文循环系统。

（二）废弃采石场的再生设计分析

废弃采石场的地理位置不同，其进行转型时的功能定位也不同。采石场根据其所处地理位置的不同一般分为无依托采石场和有依托采石场。无依托采石场是指在远离城市的地区进行开采的采石场；有依托采石场是指在城市附近进行开采活动而形成的采石场。无依托采石场大多远离城市，要对这些采石场进行改造，则面临强度大、成本高的困境。一般来说，无依托采石场因为地理位置偏僻、利用率低、重点改造的意义不大，因此，重塑远离城市的废弃采石场通常采用低成本的单一边坡复绿技术。

有依托采石场的产业转型相较于无依托采石场而言，经济成本较低、景观再生力度较小，并且靠近城市的废弃采石场的重塑工作可利用的资源十分丰富，如附近城市的人文环境、自然环境、历史文化、工业遗迹等。在对有依托采石场的地理位置优势进行重点开发和景观再生的同时，人们也需要注重提升采石场周边区域的环境质量，建立区域绿色海绵系统，打造城市的"后花园"。

废弃采石场转型的功能定位是根据其所在地理位置而确定的。有些采石场位于农村，其中大部分为有依托采石场，且数量最多，这类采石场在被开采之前一般是耕地或者林地，所以，在转型过程中，应以发展观光农业园为方向进行功能定位。有部分废弃采石场位于城郊，这类采石场大多存在着水土流失、植被破坏、环境污染等一系列生态问题，容易引发城市"热岛效应"。这些废弃采石场首先要恢复其生态功能，然后结合场地历史文化和地理位置，对其进行场地规划和功能定位，如作为城市扩张的备用空间，也可以将其设计成休闲公园、旅游景点等。除了乡村和城郊废弃采石场，还有一部分采石场地处城市内部，其具有较高的地块价值，因此，可以将其改建成房地产项目、休闲公园、生态示范园、工业文化博物馆等。

（三）废弃矿区再生设计的内容

海绵城市理念导向下的废弃矿区再生设计，首先必须明确其出发点不仅仅是解决矿区内部的雨水问题。对城市周边露天开采的废弃矿区而言，更重要的是要将矿区纳入整个海绵城市体系建设中，既要接纳城市过剩雨水，也要在城市缺水时体现再利用价值。因此，在设计过程中，人们就必须从宏观和微观两方面进行综合考虑，结合海绵城市建设的要求、途径、技术等。

1. 绿化设计

废弃矿区的绿化设计旨在实现土地资源的多功能利用和绿地功能扩展。首先，废弃矿区植被破坏严重，以复绿的形式可以使其达到保持水土、涵养水源、减少灾害的目的；其次，在通常情况下，绿地景观可发挥观赏、游憩、休闲、娱乐等功能，营造良好的矿区环境和城市周边环境；更重要的是，暴雨时节，通过低影响开发设施与城市雨水管道的衔接，矿区绿地能够发挥调蓄功能。废弃矿区绿化设计内容主要包括植物选择、竖向设计、生物滞留设施。

（1）植物选择

废弃矿区绿化植物选择的出发点是通过植物的合理搭配，实现雨水的自然净化，同时兼顾观赏性。首先，要选择适应性强的本地植物，并且以水生植物为主：一方面可以保证存活率，减少维护成本；另一方面可以体现地域特色。其次，考虑到场地存在塌陷、滑坡、泥石流等隐患，需要选择根系发达、具有较强土壤黏聚力的植物，稳固土壤，为灾害防治增效。同时，矿区填埋了大量的尾矿，需要选择能够适应土壤贫瘠，抗旱、抗寒、抗病虫，对填埋物所产生的不良毒物和气体具有强烈抗性与净化能力的绿化树种。

（2）竖向设计

竖向设计即地形设计，这里主要是指用于绿化的地形设计，目前大多数设计中，绿化用地和周围建设用地高度一致，这导致建设用地产生的径流由于坡度原因不能很好传输到绿地中，从而不能通过绿地渗透、储存和净化。在废弃矿区设计中，可以充分利用现有高低不平的地形，在低洼处设计绿地，凭借雨水的自流作用，引导硬化地面的径流流入绿地、水体等。

（3）生物滞留设施

生物滞留设施是指在低洼地区利用植物、土壤、微生物等自然要素，实现对小范围内雨水的收集、储存、净化，常见的有下沉式绿地、雨水花园和植草沟三大类。废弃矿区由于长时间的开采，地面通常凹凸不平，设计人员可以充分利用凹面设计下沉式绿地，同时矿区开采面积大，凹凸面间隔分布，正好可以布局自然的、无规则的小规模绿地，形成一道独特的风景。

废弃矿区一般具有规模大、地形起伏明显等特征，采矿场、加工区、洗涤区和废弃物堆场等区域地形相对平坦开阔，适合在此处通过对地形、土壤和植物的设计建设雨水花园，尤其是矿区周边的聚落空间，可以通过雨水花园美化环境、减少污染。雨水花园是一种小规模的花园，相对其他 LID 设施，其一般布局在地形平坦的开阔区域，通过设计和植物来储存、净化雨水，它是许多 LID 设施的集合体。雨水花园对地表径流的渗透、滞留、净化、收集及排放作用极强，如位于美国俄勒冈州的波特兰雨水花园就巧妙地解决了该地区每年几乎持续 9 个月的大雨的雨水排放和过滤问题，同时还形成了优美的景观环境空间。

矿区在开采过程中及后期受滑坡、泥石流等自然灾害的影响，往往会形成许多沟渠和低洼地等。同时，矿区内部遗留了大量的废渣、碎石等材料，人们可以充分利用这些有利条件设计植草沟，尤其是将其设计在道路两侧，从而达到减少道路径流的作用。植草沟是种有植被的沟渠，是一种特殊的景观性地表沟渠排水系统，主要用来解决面源污染。其一般分布在道路两侧和绿地内，具有减少径流、补充地下水、净化水质、输送雨水等功能，通常与雨水管网联合运行。按照是否常年保持一定的水面，其又可以划分为干式植草沟和湿式植草沟。

2. 水景设计

矿区在开采时期，由于对地形、地貌、地下水等自然系统破坏严重，因此，废弃矿区水体景观的设计要充分考虑现状地形及遗留场地的特性，最大限度地利用开采后产生的蓄水空间，如塌陷地、矿井、矿坑、沟渠等要素，以此为依托合理布局景观水体、蓄水池、湿地公园等具有雨水调蓄功能的低影响开发设施。

（1）塌陷地

许多矿区尤其是地下采矿如煤矿等，由于长时间的挖掘，采空区上方的原始平衡被破坏，地表出现沉降现象，加之废弃后受降雨的影响，往往会形成近似椭圆形盆地的塌陷地。塌陷地具有多种危害，包括对国土面貌和生态环境的破坏、破坏耕地、打乱人们的生产生活等。同时，塌陷地治理成本高、复垦难度较大。

将城市周边废弃矿区改造成为大型湿地公园，具有多方面的积极意义。首先，直观地提升了城市周边的景观，改变了"青山露白骨"的窘状，既提高了矿区的环境品质也提升了城市的整体环境质量。其次，从雨水调控的角度看，湿地公园可以成为城市的"海绵体"。丰水季节，吸纳城市雨水，降低内涝频率；干旱季节，释放雨水，补充城市用水。最后，从气候角度分析，将城市周边废弃矿区打造成湿地公园，可以在一定程度上缓解城市热岛效应。

（2）矿坑

废弃的矿坑是采矿区常见的一类矿业遗迹，矿坑是露天开采在地面留下的直观景观。在传统观念里，采矿后形成的矿坑、矿井等遗迹是不可抹去的"地球疤痕"。但是随着人们观念的转变，人们逐渐开始对废弃矿坑进行二次开发利用，目前，针对废弃矿坑的改造方式主要有两类，一种是原状保留，如黄石国家矿山公园、美国犹他州宾汉姆峡谷铜矿坑；另一种是覆土种植，如法国穆斯托采石场、中国河南义马露天矿土地恢复。

海绵城市理念的提出，为城市周边的废弃矿坑再开发提供了一种新的改造思路，即利用自然水景或因采矿而形成的水体，结合地形条件人工构造水体，营造主题环境，利用水景的流动性串联贯通整个矿区水环境系统。目前，国内外在矿坑改造方面涌现了许多优秀的设计，如摩尔多瓦首都克利科瓦大酒窖，原本克利科瓦是地下采石场，形成了无数相连的地下坑道，最后改建成酒窖；还有国内的上海世茂集团投资建设的世界上第一个位于矿坑内的上海天马山深坑酒店等。但是这些设计也存在人为干扰痕迹严重、资金投入大、维护成本高、过度重视商业开发等缺点。

一些存在自然积水或具备引水条件的矿坑可以建设成为湿地公园和雨水花园，这是一种相对生态化、低成本的改造，能够实现环境效益、社会效益和经济效益的统一，如美国芝加哥帕米萨诺公园，原本是一处采石场，芝加哥许多建筑石材曾经采自此处，随后矿坑沦为垃圾场，人们在对其的改造设计中，保留了部分垂直开采面，将矿坑改造为鱼塘，为了预留雨水花园的场地，人们将区域内的垃圾全部南移，增强了整个矿区高差变化的错落感。

（3）沟渠

矿区开采时，由于洗涤用水和工业用水的需要，往往会形成许多人工的、自然的、小型的沟渠。从微观的角度来看，矿区被废弃后，降雨引发的泥石流、滑坡等自然灾害，也会形成诸多冲沟。这些沟渠和冲沟，正好是雨水汇聚的通道，人们可以通过合理整治、疏通、引导，让其成为雨水排放的通道，发挥输送、储存、净化雨水的作用。从宏观的角度，人们采取工程措施和生态环境保护措施，将矿区内部的沟渠和冲沟与周边自然的河道、池塘、沟壑、溪流相连接，让其成为自然水循环系统的组成部分，使得矿区内部的水循环与周边城市的水循环组合成一个大的水循环系统。

3. 建筑设计

废弃矿区建筑主要包括遗留的生产型建筑和矿区周边聚落的生活型建筑。在海绵城市建设理念指导下，建筑一般采取立面绿化和屋顶绿化的方式来收集、存储、净化雨水。目前，墙面绿化、屋顶花园等形式在商业建筑、公共建筑、城市小区等建筑中应用广泛并取得了良好的成效，而在乡村建筑和工业建筑中应用较少。因此，可以尝试将该技术运用到工业建筑中，如福特公司在美国工业区工厂建立了世界上最大面积的绿色屋顶。需要注意的一点是，考虑到采矿对矿区生产型建筑和生活型建筑造成的不同程度的破坏和污染，人们在设计过程中需要因地制宜地采取不同的设计策略。

（1）生产型建筑

矿区生产型建筑一般距离采矿区较近，包括办公建筑、材料储存建筑、工人居住建筑等，受矿区开采影响大。由于距离矿区较近，不仅污染较严重，而且许多墙面和屋顶都出现了裂痕。因此，在对其进行工程措施修复的基础上，可以结合海绵城市的理念进行绿色屋顶和墙面设计，这样一方面可以对其外立面形成保护层且具有艺术感；另一方面也可以收集雨水，减少径流。生产型建筑收集的雨水，存在一定程度的污染，可以引导其流入建筑周边的雨水花园、植草沟等绿色设施内，让其经过植物初步净化再渗透到土壤中，进而补充地下水。

（2）生活型建筑

矿区生活型建筑是指矿区周边的村镇聚落，一般这些聚落建筑连片、集中分布，规模和分布密度较大，并且这些建筑或多或少地受到了矿区开采的影响。矿区废弃后，为了保证这些建筑能够继续安全使用，须对其进行再设计。在工程措施加固保证其安全性的前提下，可以类比生产型建筑，对墙体和屋顶进行绿化，降低雨水的冲刷力度。与生产型建筑不同的是，生活型建筑与绿地连接，雨水可以流入绿地内的植草沟、雨水花园、下沉式绿地等设施，将雨水收集后再利用。从生活型建筑收集的雨水主要有两个用途：一是家用，如牲畜用水、清洁用水等，可以减少人们对自来水的依赖；二是农用，可以在枯水季节缓解农林牧渔对雨水的需求。

4. 道路设计

矿区原本是一个小系统，内部拥有完整的交通体系。矿区再生建设时，一方面可以在原有的交通线路的基础上进行改造设计，建立联系高差的立体交通，创造丰富的游览体验；另一方面可以充分利用矿区废弃的碎石、碎渣等资源，结合低影响开发的设施，打造绿色交通网络。废弃矿区道路设计内容包括机动车道、人行道和停车场，其中，停车场主要的服务对象为矿区周边聚落的村民和外来游客。

（1）机动车道

许多矿区被废弃后，逐渐成了区域交通系统的重要节点。人们在矿区机动车道的设计时要改变被动的雨水处理方式，充分利用原有的运输线路、地形，打造能够净化、利用、存储雨水的道路系统，具体来说有以下三点：

第一点，选择透水材料，如沥青、混凝土等，充分利用矿区的碎石、尾矿等建设路基，打造透水沥青路面或透水水泥混凝土路面。

第二点，道路两侧布局标高要低于路面的绿化带，如下沉式绿地、植草沟等，以便在雨水季节将道路径流引入低影响开发设施进行净化、过滤、收集。

第三点，在绿化带底部空间安装排水管道，设置雨水调蓄系统。

（2）人行道

矿区人行道可以采取阶梯式、景观桥式和悬梯式的设计方式：一方面可以丰富矿区的竖向交通形式和避免雨水淤积；另一方面可以为行人和游客提供独特的欣赏视角，如英国伊甸园工程项目设计的"之"字形路线。在矿区人行道设计中人们应考虑以下四个方面：

一是在铺装材料的选择上，尽可能多地使用可渗透材料，考虑到安全性因素，最好以紧密透水砖为主。

二是打造立体交通和保留原有的道路轨迹，尤其是矿业遗迹，如运输原材料的铁轨等，使人们在行走时能够感受到一种艺术氛围。

三是在路边设置生态树池等设施，起到蓄水、去污、美化环境的作用。

四是由于矿区存在滑坡、泥石流等安全隐患，需要在人行道周边采取边坡防护措施。

（3）停车场

废弃矿区规模较大，可以适当设置生态停车场为游客及周边居民服务。在设计过程中可以将停车场看作一个小型的雨水花园，而不是一个普通的公共基础设施。在停车场表面，布置透水性铺装如中空透水砖、植草砖等，并且可在透水砖内种植绿色植物。在停车场边缘区可以设置生物滞留设施如雨水花园等，使停车场成为一个渗透空间，使其同时发挥景观和服务的双重功能。

第三节 生态矿山建设

一、绿色开采技术

（一）绿色开采技术的内涵

1. 绿色开采的概念

在全世界呼唤"绿色革命"的时代，绿色作为人类与生态环境和谐发展的标志，越来越多地参与人类的社会、经济、文化活动。将"绿色"理念实践于资源开发利用活动，就是要形成一条绿色开采、绿色利用的新途径。

2. 绿色开采的内涵

从绿色开采的概念可以看出，绿色开采的基本出发点是防止或尽可能地减轻开采煤炭对环境和其他资源的不良影响，其内涵是努力遵循循环经济中绿色工业的原则，形成一种与环境协调一致的"低开采、高利用、低排放"的开采技术。实现资源绿色开采，关键是要达到以下三个目标：

（1）改变开采理念

传统煤炭开采对环境的破坏是十分严重的。为改变这种状况，国家也提出了相应的要求，转变开采理念，开展煤炭资源绿色开采技术研究，依靠技术进步，将煤炭生产活动对自然资源和生态环境的影响减小到最低程度。所以，就要在开采理念上做出调整，从忽视生态环境的价值、低估自然资源的价值向将生态环境价值纳入生产成本、还原自然资源的真实价值转变。

（2）创新开采技术

"绿色"目标的实现必须有生产、管理系统的配合，这种价值评定标准的转变反映到企业中便是生产、管理要素的重组及转变，即技术创新。从煤炭开采技术的角度来说，要从源头消除或减少采矿对环境的破坏，而不是先破坏后治理，应通过改变和调整采矿方法来实现地下水资源的保护、减缓地表沉陷、减少瓦斯和矸石的排放等，形成资源与环境协调发展的开采技术，使因开采导致环境问题产生的可能性降到最低。

（3）废弃物资源化

将废弃物资源化包含在绿色开采的概念中，从广义资源的角度来认识和利用矿区范围内的煤炭、地下水、煤层气（瓦斯）、土地及矸石等。例如原来被认为是"矿井中主要以甲烷为主的有害气体"的矿井瓦斯，通过资源化措施可以成为清洁能源；原来被作为"水害"对待的矿井水，现在则可以在防治地下水的同时将矿井水资源加以利用；煤炭开采中产生的矸石也可作为塌陷地的复垦材料、采空区充填骨料及制砖材料等。"没有绝对的废物，只有放错地方的资源"，这句话同样适用于资源开采业。

（二）绿色开采的基础理论与技术体系

1.绿色开采的基础理论

根据绿色开采理论，煤层开采引起的环境和安全问题主要与岩层运动有关，只要岩层不被破坏就不会出现环境与安全问题，因此，岩层关键层理论是绿色开采的重要基础理论。在采场上覆岩层中存在多层坚硬岩层时，对岩体活动全部或局部起决定作用的岩层称为关键层，前者称为岩层运动的关键层，后者称为亚关键层。采场上覆岩层中的关键层有如下特征：

（1）几何特征

相对其他岩层而言厚度较大。

（2）岩性特性

相对其他岩层较为坚硬，即弹性模量较大、强度较高。

（3）变形特征

在关键层下沉变形时，其上部全部或局部岩层的下沉量是同步协调的。

（4）破断特征

关键层的破断将导致全部或局部上覆岩层的破断，从而引起较大范围内的岩层移动。

（5）支承特征

关键层破坏前以"板"（或简化为"梁"）的结构形式作为全部岩层或局部岩层的承载主体；断裂后则成为砌体梁结构，继而作为承载主体。

在覆岩运动控制中，主关键层对其上覆所有岩层的破断运动起控制作用，主关键层破断前，其上覆岩层与之同步协调运动；主关键层破断，导致其上覆岩层同步破断，同时引起地表下沉。由于关键层理论可以用来研究覆岩中厚硬岩层对层状矿体开采中节理裂隙的分布及其对瓦斯抽放、突水防治及开采沉陷控制等的影响，因而这一理论为绿色开采提供了理论基础。

2.绿色开采的技术体系

为实现资源的绿色开采，取得最佳的社会效益和经济效益，针对目前煤炭开采中土地的损毁、含水层破坏、固体废弃物排放、水与大气环境污染等问题，绿色开采技术主要包括以下四个内容：防止含水层破坏与水资源流失——保水开采技术；防止地表塌陷与地表环境破坏——减沉开采技术；杜绝瓦斯事故，防止瓦斯污染大气——煤与瓦斯共采技术；矸石减量排放——矸石减排技术。

（1）保水开采技术

保水开采就是在采煤过程中对地下水资源进行保护并对矿井排水进行资源化利用。煤层开采后，随着上覆岩层中关键层的破断，该区域内地下水将形成下降漏斗。地下水位能否恢复取决于随着工作面推进，上覆岩层中有无软弱岩层经重新压实导致裂隙闭合而形成隔水带。若有隔水带，则随着雨水的再次补给，下降漏斗将消失，地下水位也将恢复。

实现保水开采的关键是保护或处理好隔水关键层。假设煤层上部含水层在结构关键层的上方或煤层下部含水层在结构关键层的下方，如果结构关键层采动后不破断，则结构关键层可起到隔水作用，同时就是隔水关键层；如果结构关键层采动后发生破断，但破断裂隙被软弱岩层所充填而不形成渗流突水通道，则结构关键层与软弱岩层组合形成复合隔水关键层。

根据隔水关键层原理进行保水采煤主要有四个步骤：第一步判别隔水关键层的位置；第二步判别与控制隔水关键层结构的稳定性；第三步判别与控制隔水关键层渗流的稳定性；第四步对渗流突变通道进行控制。

在判别隔水关键层的位置时，通过井上下物探分析、地质构造及水源分布规律进行水文和构造地质等分析及岩层控制的结构关键层位置判别等，从物探、地质和开采等角度综合分析判别隔水关键层在采动岩体中的位置；在判别与控制隔水关键层结构的稳定性方面，通过开采设计、采区布置及工作面大小的确定等，进而采用岩层控制的关键层理论、数值和物理模拟等分析结构关键层强度及破断规律，如采动岩体结构关键层是稳定的，则可实现安全保水开采；在判别与控制隔水关键层渗流的稳定性方面，通过对井下采煤工作面的精细物探，详细掌握结构层、软弱层、构造及水源的分布，进而分析采动岩体的渗流运动规律及发生渗流突变的通道与危险，如果渗流运动是稳定的，则可实现安全开采；在对渗流突变通道进行控制方面，通过进一步优化采区和采煤工作面的设计，改变采动覆岩结构关键层的破断形态，也即改变可能形成的渗流突变通道，进而对构造和可能形成的渗流突变通道实施注浆改造等措施，实现安全开采。

（2）减沉开采技术

减沉开采就是为了减轻因开采而形成的地表塌陷、土地与建筑物损害而采取的开采技术措施，主要包括部分开采（如条带开采）与充填开采。为了弥补部分开采与充填开采的不足，有关学者提出了煤矿部分充填开采技术。部分充填开采技术是指充填量和充填范围仅是采出煤量的一部分，仅对采空区的局部或离层区与冒落区进行充填，靠覆岩关键层结构、充填体及部分煤柱共同支撑覆岩控制开采沉陷。按部分充填的位置和时间不同，可以分为采空区膏体条带充填、条带开采冒落区注浆充填、覆岩离层分区隔离注浆充填。目前，兖州、新汶、枣庄、淮北、邢台等矿区都已开展了充填减沉开采的试验研究与技术推广工作。

（3）煤与瓦斯共采、煤层气资源化技术

煤与瓦斯共采就是将煤炭和赋存于煤层中的瓦斯都作为矿井的资源加以开采，实现两种资源的共同开采。这种技术在我国高瓦斯矿区应当受到高度重视，将煤与瓦斯共采作为矿区绿色开采的重点。

煤层气开采方法分为煤层采前预抽与煤层采动卸压抽采两个步骤。煤层采动卸压抽采主要利用岩层运动的特点将卸压煤层气开采出来，在本煤层、邻近煤层、远距离煤层和采空区实现瓦斯卸压，从而提高瓦斯抽采率，降低矿井瓦斯漏出量，消除瓦斯事故。煤层气开采效果主要取决于煤层原始渗透率的大小。实践表明，即使是渗透率很低的煤层，一旦煤层开采引起岩层移动，其渗透率也将增大数十倍或数百倍，为煤层气运移创造条件。同时还应充分认识基于岩层采动裂隙动态分布规律提出的卸压瓦斯抽采"O"形圈理论，并将这些理论充分运用到开采中，对瓦斯实行资源化利用，减少大气污染。

（4）矸石减排技术

矸石减排就是减少矸石排出地面的数量。矸石是煤炭生产和加工中产生的固体废弃物，目前，我国的矸石量以每年约 $3.5 \times 10^8 t$ 的速度递增，年新增占地面积 $500hm^2$ 左右，矸石已成为我国排放量最大的工业固体废弃物之一。矸石不仅占用了大量土地，而且对地下水与周边土壤产生潜在的危害。大量矸石山的存在还造成了严重的空气污染，部分地区矸石山因暴雨而引发泥石流，对环境和人民的生命财产造成了重大危害。

实现矸石减排对煤矿的绿色开采具有重要意义。煤矿生产中矸石的产生途径主要有：巷道掘进产生矸石，工作面回采顶板矸石冒落掺入原煤、经选煤而产生的矸石，采掘工作面因地质条件变化（如断层、火成岩侵入、煤层变薄等）而采出的矸石，巷道清理、修护产生的矸石。

首先，大部分矸石来自于巷道挖掘，要减少矸石的采出量，必须尽可能地减少岩石巷道的数量，因此，在矿井开拓中可以通过布置煤巷来取代岩巷。采用煤巷设计的矿井，不但可以减少大量的联络巷道，从而减少岩石巷道总量，而且可以提高施工速度，降低基建周期。

其次，要对矸石进行井下处理。矸石井下处理就是将井下岩巷掘进产生的矸石不转移出井，通过建立井下矸石转运、储存与充填系统，将矸石充填到采空区，或进行巷旁与废弃巷道充填及矸石充填置换井下煤柱等。

最后，要对矸石实现资源化，综合利用矸石。可以利用矸石对采煤塌陷区回填，进行土地复垦，恢复植被及生态环境；同时矸石还可以用来制砖、发电和制造水泥；矸石还可以作为陶瓷原料，如利用矸石生产化工产品等。这些利用途径都可以很好地降低矸石的堆积量，同时还可提高经济效益。

（三）煤矿充填开采技术

充填开采在金属矿应用较多，技术相对成熟，可以为煤矿的充填开采提供借鉴，但煤系地层属于层状岩层，与一般金属矿岩层产状不尽相同，采后岩层移动与破坏规律也不尽一致，充填的目的也不完全一样，因此，煤矿充填开采技术的研究与发展必须适应煤系岩层活动规律与控制要求，形成符合煤矿开采特点的充填开采理论与技术。煤矿开采会产生占煤炭产量 10% ~ 20% 的矸石，采用充填开采方法将煤矸石等固体废弃物作为主要充填材料充填到井下：一方面可以减少矸石的排放；另一方面可以控制岩层移动，减缓开采沉陷，实现建筑物下压煤开采和保护土地资源。因而，煤矿充填开采技术是实现绿色开采目标的重要手段。

按充填料浆的浓度大小，煤矿充填开采方法可分为低浓度充填、高浓度充填和膏体充填；按充填料浆是否胶结可分为胶结充填、非胶结充填；按充填位置可分为采空区充填（即在煤层采出后顶板未冒落前的采空区域进行充填）、冒落区充填（即在煤层采出后顶板已冒落的破碎矸石中进行注浆充填）和离层区充填（即在煤层采出后覆岩离层空洞区域进行注浆充填）；按充填量和充填范围占采出煤层的比例可分为全部充填与部分充填。一般情况下，采空区充填宜采用高浓度或膏体的胶结充填，离层区充填和冒落区充填宜采用低浓度充填。全部充填开采即在煤层采出后顶板未冒落前对所有采空区域进行充填，充填量和充填范围与采出煤量大体一致，它完全靠采空区充填体支撑上覆岩层并控制开采沉陷。部分充填是相对全部充填而言的，其充填量和充填范围仅是采出煤量的一部分，它仅对采空区的局部或离层区与冒落区进行充填，靠覆岩关键层结构、充填体及部分煤柱共同支撑覆岩并控制开采沉陷。全部充填的位置只能是采空区，而部分充填的位置可以是采空区、离层区或冒落区。

1. 全部充填开采技术

（1）水砂充填

水砂充填就是利用水力将沙子、碎石或炉渣等充填材料输送到井下用来支撑围岩，防止或减少围岩垮落和变形。水沙充填必须建立水砂充填系统，由充填材料的加工及选运系统、贮砂及水砂混合系统、输砂管路系统、供水及废水处理系统等组成。

（2）风力充填

风力充填是利用压风能量使充填材料在风力充填机中混合，然后沿充填管路将充填材料抛掷到采空区，构成充填体以控制顶板。开采顶板坚硬厚煤层及"三下"煤炭资源，特别是缺水地区，风力充填曾被认为是一种有效的采矿方法。风力充填具有适用范围广、充填料来源多、充填致密、充填与回采运输工艺平行作业等优点，但风力充填同时存在能耗大、管路与设备损耗大、充填费用高、充填区扬尘大等缺点。英国、比利时、法国、德国都曾利用风力充填法开采各类煤层。

（3）膏体充填

为了克服水砂充填存在泌水、需要建立复杂的隔排水系统等问题，20世纪80年代初国外发展了膏体充填技术。膏体充填中充填料为充填后不泌水的物料集合体，一般浓度为76% ~ 85%。

煤矿膏体充填开采就是把煤矿附近的矸石、粉煤灰、炉渣、劣质土、城市固体垃圾等在地面加工成无须脱水的牙膏状浆体（低成本的特殊"混凝土"），利用充填泵或重力作用通过管道输送到井下，适时充填采空区。近年来，山东济宁矿业集团太平煤矿的河砂膏体充填、焦作煤业集团朱村矿的矸石膏体充填、新汶矿业集团孙村矿的矸石似膏体充填、邢台的矸石直接充填等均取得了成功。

2. 部分充填开采技术

充填开采的成本是影响煤矿充填开采技术推广应用的关键因素之一，采用部分充填开采技术可以减少充填材料的用量和充填量，从而降低充填成本。与金属矿山相比，煤矿的充填材料来源相对不足，金属矿山可用作充填材料的尾矿，一般占开采矿石量的90%以上，而煤矿的矸石一般仅为煤炭开采量的15%左右，如采用全部充填法，煤矿充填材料的来源会受到限制。另外，煤矿工作面的单产相对较高，金属矿山充填站的充填能力一般为$30 \sim 60m^3 / h$，而一个年产1Mt的采煤工作面的生产能力为$100m^3 / h$以上，如采用全部充填法，充填系统的充填能力不能满足采煤工作面高效生产的要求。鉴于上述原因及降低充填成本的要求，部分充填开采技术是我国煤矿充填开采技术的研究方向。

部分充填开采技术的研究必须结合采动岩层移动规律，岩层控制的关键层理论为部分充填开采提供了理论依据。研究表明，主关键层对地表移动的动态过程起控制作用，主关键层的破断将导致地表快速下沉，由于覆岩主关键层的破断将导致地表下沉明显增大，因此，可将保证覆岩主关键层不破断失稳作为建筑物下采煤设计的原则。为了保证在建筑物下采煤既具有较好的经济效益，同时又保证地面建筑物不受到损害，关键在于根据具体条件下覆岩结构与主关键层特征来研究确定合理的开采技术及参数。其原则为：判别覆岩层中的关键层位置，在对主关键层破断特征进行研究的基础上，通过合理设计条带开采、部分充填开采等技术手段来保证覆岩主关键层不破断并保持长期稳定。

（1）采空区膏体条带充填技术

采空区膏体条带充填就是在煤层采出后顶板冒落前，采用膏体材料对采空区的一部分空间进行充填，构筑相间的充填条带，靠充填条带支撑覆岩。只要保证未充填采空区的宽度小于覆岩主关键层的初次破断跨距，且充填条带能保持长期稳定，就可有效控制地表沉陷。

（2）覆岩离层分区隔离注浆充填技术

覆岩离层分区隔离注浆充填是利用岩移过程中覆岩内形成的离层空洞，从钻孔向离层空洞充填外来材料来支撑覆岩，从而减缓覆岩移动向地表的传播。

对覆岩离层位置、离层量和动态发育规律的研究是离层注浆充填技术的理论基础。研究表明，覆岩离层主要出现在关键层下，当相邻两层关键层复合破断时，两关键层间将不出现离层。关键层初次破断前的离层区发育，离层量大，易于注浆充填；而一旦关键层初次破断，关键层下离层量明显变小，仅为关键层初次破断前的25%~33%，注浆难度增加。因此，离层注浆必须在主关键层初次破断前进行。钻孔布置及最佳的注浆减沉效果应保证关键层始终不发生初次破断。

由于离层区充填材料为非固结充填材料，浆液浓度小，关键层下离层随采煤工作面推进不断扩展，浆液随之向前流动，关键层初次破断前其下离层空间很难被充填满，因而充填浆液不能对初次破断前的关键层进行支撑，进而不能阻止关键层的初次破断，从而影响后续离层注浆和注浆减沉效果，这是我国一些矿井离层注浆减沉试验未达到预想效果的主要原因之一。

（3）条带开采冒落区注浆充填技术

目前，我国主要采用条带开采技术来实现建筑物下压煤的开采，其主要缺点是煤炭采出率偏低，一般仅为30%~50%。条带开采导致地表下沉的主要原因是条带开采后包括采空区及其上部一定范围岩层内形成冒落区。条带冒落区失去承载能力，并将其上部岩层的载荷转移到两侧留设的煤岩柱上，留设煤柱及其上方一定范围内岩柱上所承受的载荷增加导致煤岩柱压缩变形，压缩变形累积导致地表沉陷。

条带开采冒落区注浆充填就是在建筑物压煤条带开采情况下，通过地面或井下钻孔向采出条带已冒落采空区的破碎矸石进行注浆充填，以充填破碎矸石空隙，加固破碎岩石，使得采出条带冒落区重新起承载作用，有效减轻留设煤柱及其上方一定范围内岩柱上所承受的载荷，使得煤岩柱的压缩变形减小，从而减缓覆岩移动向地表的传播。同时利用充填材料与冒落区内矸石形成的共同承载体来缩短留设条带的宽度，以达到提高资源采出率的目的。

条带开采冒落区注浆充填的加固作用主要体现在以下三个方面：充填体提供条带煤柱侧限力作用，提高煤柱强度，减小煤柱宽度；充填体摩擦效应和点柱作用可分担煤柱载荷，减少煤岩柱的压缩和下沉，减少开采沉陷量；充填体的支护作用保证煤岩柱和关键层的长期稳定。为了减少充填对条带开采产生的影响，一般是在一个条带开采结束封闭后再对其冒落区进行注浆充填。

部分充填仅对采空区的局部或离层区与冒落区进行充填，靠覆岩关键层结构、充填体及部分煤柱共同承载来控制开采沉陷，减少了充填材料和充填工作量，从而降低了充填成本。部分充填开采技术适应煤矿充填材料相对不足和采煤工作面生产能力较大的特点，是煤矿低成本充填开采技术的发展方向。

部分充填开采中的充填体、关键层、煤柱共同承载作用原理的研究，是部分充填开采设计的基础，有关研究工作有待进一步深化。此外，适应煤矿部分充填开采的充填材料和充填工艺也是需要进一步研究的问题。

二、矸石资源化技术

（一）矸石的产生

矸石是采煤过程和选煤过程中排放的固体废弃物，是一种在成煤过程中与煤层伴生的一种含碳量较低、比煤坚硬的岩石，包括巷道掘进过程中的掘进矸石、采掘过程中从顶底板及夹层里采出的矸石，以及选煤过程中挑出的洗选矸石。

（二）矸石的矿物组成及其特性

1. 矸石的矿物组成

由于地层地质年代、地区、成矿情况、开采条件的不同，矸石的矿物组成、化学成分各不相同，其组分复杂，但主要属于沉积岩。如果以它的矿物组成为基础，结合岩石的结构、构造等特点，矸石一般可分为黏土岩矸石、砂岩矸石、粉砂岩矸石、钙质岩矸石和铝质岩矸石等。矸石中最常见的黏土矿物种类有高岭石类、水云母类、蒙脱石类和绿泥石类。根据地质条件不同，矸石有的以高岭石为主，有的则以水云母为主，有的还含有少量的绢云母。矸石中的黏土矿物成分经过适当温度煅烧便可获得与石灰化合成新的水化物的能力，所以，矸石又被视为一种火山灰活性混合材料，其活性大小取决于黏土矿物含量。在砂岩中，碎屑矿物多为石英、长石、云母。石英往往被碳酸盐所融蚀，长石碎屑往往易风化为黏土矿物，云母矿物碎屑一般以白云母为主，胶结物一般为炭质浸染的黏土矿物及含有碳酸盐的黏土矿物或其他化学沉积物。在粉砂岩中，碎屑矿物多为石英、白云母，胶结物比较复杂，通常为黏土质、硅质、腐殖质、钙质等。我国石炭二叠纪煤系地层中粉砂岩含有丰富的植物化石和菱铁矿结核。钙质岩矸石多属石灰岩，以方解石、菱铁矿为主，其次还有白云石、霞石等，往往还混有较多的黏土矿物、有机物、黄铁矿等。铝质岩类均含有高铝矿物，以三水铝石、一水软铝石、一水硬铝石为主，而黏土矿物退居次要地位，但常常含有石英、玉髓、褐铁矿、白云石、方解石等矿物。

2. 矸石的理化性质

（1）主要物理力学指标

容重在 $1.3 \sim 1.8 t / m^3$，密度为 $1.5 \sim 2.651 t / m^3$，水分一般为 0.5% ~ 5%，灰分为 75% ~ 85%，挥发分在 20% 以下，固定碳在 40% 以下。

（2）主要成分

矸石的主要成分为 Al_2O_3、SiO_2，另外还含有数量不等的 Fe_2O_3、CaO、MgO、Na_2O、K_2O、P_2O_5、SO_3 和微量稀有元素（镓、钒、钛、钴）。

（3）矸石的风化

矸石的风化程度取决于其所处的环境条件、矸石的矿物与化学组成成分、堆积方式等，在矸石排放场上复垦种植也可加速其风化过程。一般来说，矸石的风化开始以物理风化为主，后来主要为化学风化。经过物理风化和化学风化的矸石，其粒度、颜色、酸碱性、物理力学特性、容重、孔隙率、渗透性等都会发生不同程度的变化。

（4）矸石的自燃

矸石堆积日久易引起自燃。根据矸石的发火机理，有多种矸石灭火方法，如挖掘熄灭法、表面密封法、注浆法、燃烧控制法，这些方法的基本原理是降温、清除燃料和断绝氧气。由不同矿物组成或化学组成的矸石，还具有一些特殊的性质，如黏土岩矸石遇水具有膨胀特性，风化后呈酸性的矸石具有腐蚀特性等。在矸石排放场进行植被恢复时，对这些特性都需要进行专门的考虑。

（5）矸石风化物的热特性

矸石风化物为灰黑色，比浅色的黄土升温快。夏季高温时矸石地表面温度可达 50℃ 以上，容易烧死植物幼苗。自燃的矸石堆地温往往很高，须灭火降温后方可复垦种植。风化矸石的吸热性主要取决于其颜色、湿度和地面有无覆盖物的状况，散热性主要与其所含水分的蒸发、大气相对湿度、太阳辐射等有关。水分越多，大气相对湿度越低，蒸发越强烈，散热越快，降温越快。

（6）矸石的熔融性

矸石随加热温度的升高而产生的变形、软化和流动的特性称为熔融性。矸石熔融的难易程度取决于其矿物组成的种类与含量，因此，可用矸石化学组成系数 K 来评估矸石的熔融性，当 $K < 1$ 时，矸石易熔；当 $K > 1$ 时，矸石难熔。

（7）矸石的发热量

矸石中含有少量的 C、H、S、N、O 等，在燃烧时发出一定的热量，单位质量矸石在完全燃烧时所产生的热量即矸石的发热量。矸石的发热量是评价矸石质量和确定其用途的重要指标。如果矸石中有机质、固定碳和挥发分含量高，其发热量也高，矸石的发热量一般为 $800 \sim 1500 cal / g$（1cal=4.184J）。

（8）矸石的可塑性

矸石的可塑性是指矸石粉和适当的水混合均匀后在外力作用下能成形，当外力去除后仍能保持塑性变形的性质。矸石可塑性的大小与矿物组成、颗粒表面所带离子、含水量和比表面积等有关。矸石中矿物可塑性从大到小依次为蒙脱石、高岭石、水云母，蒙脱石的比表面积为 $100m^2 / g$，高岭石的比表面积为 $10 \sim 40m^2 / g$。

（三）矸石资源化利用的技术要求

矸石的性质决定着矸石资源化利用的途径，因此，对矸石的组分及性质进行分析和评价，有利于选择最佳的资源化利用途径，更好、更有效地利用矸石资源。

1. 矸石资源化利用的评价

按照矸石的岩石特征分类，矸石可以分成高岭石泥岩（高岭石含量大于 60%）、伊利石泥岩（伊利石含量大于 50%）、砂质泥岩、砂岩及石灰岩。高岭石泥岩、伊利石泥岩可生产多孔烧结料、矸石砖、建筑陶瓷、含铝精矿、硅铝合金、道路建筑材料；砂质泥岩、砂岩可生产建筑工程用的碎石、混凝土密实骨料；石灰岩可生产胶凝材料、建筑工程用的碎石、改良土壤用的石灰。

矸石中的铝硅比也是确定一般矸石综合利用途径的因素。铝硅比大于 0.5 的矸石，铝含量高、硅含量较低，其矿物成分以高岭石为主，有少量伊利石、石英，质点粒径小，可塑性好，有膨胀现象，可作为制造高级陶瓷、煅烧高岭土及分子筛的原料。

矸石中的碳含量是选择其工业利用方向的依据。C4 类矸石发热量较高（6270 ~ 12550kJ / kg），一般宜用作燃料；C3 类矸石（发热量为 2090 ~ 6270kJ / kg）可用来生产水泥、砖等建材制品；C1 类、C2 类矸石（发热量在 2090kJ / kg 以下）可作为水泥的混合材、混凝土骨料和其他建材制品的原料，也可用于复垦采煤塌陷区和回填矿井采空区。

2. 矸石发电

（1）矸石发电的技术要求

含碳量较高（发热量大于 4180kJ / kg）的矸石，一般为煤巷掘进矸和洗矸，通过简易洗选，利用跳汰机或旋流器等设备可回收低热值煤，作为锅炉燃料。

发热量大于 6270kJ / kg 的矸石可不经洗选就近用作流化床锅炉的燃料。矸石发电，其常用燃料热值应在 12550kJ / kg 以下，可采用循环流化床锅炉，产生的热量既可以发电，也可以用作采暖供热。这部分矸石以选煤厂排出的洗矸为主。

矸石发电以循环流化床锅炉为主要炉型，加入石灰石或白云石等脱硫剂可降低烟气中硫氧化物和氮氧化物的产生量。燃烧后的灰渣具有较高的活性，是生产建材的良好原料。今后发展以循环流化床锅炉为主，重点推广75t／h及以上循环流化床锅炉，并完善、开发大型化的循环流化床锅炉。

（2）矸石、煤泥混烧发电的技术要求

矸石发热量为4500～12550kJ／kg，煤泥发热量为8360～16720kJ／kg，煤泥的水分为25%～70%。混烧方式有矸石和煤泥浆、矸石和煤泥饼混烧，加入煤泥可以采用机械方式输送、挤压泵与管道混合输送及泵送方式，锅炉采用流化床和循环流化床。

3. 矸石生产建筑材料及制品

（1）矸石制烧结砖的技术要求

利用矸石全部或部分代替黏土，采用适当烧制工艺生产烧结砖的技术在我国已经成熟，这是大宗利用矸石的主要途径，生产烧结砖对矸石原料的化学组成要求：SiO_2含量为55%～70%，Al_2O_3含量为15%～25%，Fe_2O_3含量为2%～8%，CaO含量不大于2%，MgO含量不大于3%，SO_2含量不大于1%。

矸石制烧结砖的工艺比黏土制砖工艺增加了一道粉碎工序。根据矸石的硬度和粒径，可选用颚式或锤式破碎机、球磨机等分别进行粗、中、细碎，并对原料进行陈化，以增加塑性。

矸石制烧结砖采用内燃型，尽量避免超内燃。矸石制烧结砖多采用一次码烧隧道窑，也可以采用轮窑等窑炉，并利用窑炉的余热设立干燥室。

（2）矸石制烧结空心砖的技术要求

以矸石为主要原料，矸石化学成分同矸石制烧结砖，但对粉碎要求较高，水分一般在13%～17%，利用高压挤出机成型，隧道窑一次码烧即成。

（3）矸石代替黏土烧制硅酸盐水泥熟料的技术要求

在烧制硅酸盐水泥熟料时掺入一定比例的矸石，部分或全部代替黏土配制生料。矸石主要选用洗矸，岩石类型以泥质岩石为主，砂岩含量尽量少。

（4）以矸石作混合材磨制各种水泥的技术要求

我国大多数过火矸及经中温活性区煅烧后的矸石均属于优质火山灰活性混合材，可掺入5%～50%的混合材，以生产不同种类的水泥制品。用作水泥混合材的矸石要求其主要成分是炭质泥岩、泥岩、砂岩或石灰岩（氧化钙含量大于70%），通常选用过火或煅烧过的矸石。

（5）矸石制轻集料的技术要求

我国积存的矸石中有40%左右适合于烧制轻集料（称为煅烧矸石轻集料），有10%左右的过火矸石经破碎筛分即可制得轻集料（称为自燃矸石轻集料）。

煅烧矸石轻集料由炭质泥岩或泥岩类矸石经破碎、粉磨、成球、烧胀、筛分而成。在烧制轻集料时，矸石中的 SiO_2 含量宜为 55% ~ 65%、Al_2O_3 含量为 13% ~ 23%。对于易熔组分，$CaO+MgO$ 的含量宜在 1% ~ 8%，Na_2O+K_2O 含量宜在 2.5% ~ 5%，Fe_2O_3 和碳是矸石中的主要膨胀剂，前者含量宜在 4% ~ 9%，后者含量宜在 2% 左右。含碳量过高时可采用洗选方法脱碳，或采用配入不含或少含碳的矸石降低碳含量，也可采用在颗粒膨胀前进行脱碳，烧掉多余的碳。

（6）矸石制轻集料混凝土小型空心砌块的技术要求

以矸石轻集料（粗料 25% ~ 30%、细料 40% ~ 45%）为骨料，水泥（8% ~ 16%）为胶结料，加水（10% ~ 15%），并加入少量外加剂，搅拌均匀后经振动成型、自然养护后即可制成矸石轻集料混凝土小型空心砌块。

（7）矸石制加气混凝土的技术要求

矸石加气混凝土主要是以过火矸石等为硅铝质材料，以水泥和石灰等钙质材料及石膏为原料，按一定配比混合后加水研磨搅拌成糊状物，再加入铝粉发泡剂，然后注入坯模，待坯体硬化后切割加工成型，再用饱和蒸汽蒸养而成的。其产品主要有砌块或板材。对过火矸石的化学成分要求：SiO_2 含量不小于 50%，Al_2O_3 含量不小于 20%，Fe_2O_3 含量不小于 15%，SO_3 含量不大于 2%，烧失率小于 10%。

4. 矸石复垦及回填矿井采空区

利用矸石作为复垦采煤塌陷区的充填材料，既可使采煤破坏的土地得到恢复，又可减少矸石占地面积，减少矸石对环境的污染。一般用于复垦的矸石以砂岩、石灰岩为主，采用推土机回填、压实，根据不同的用途进行处理，如作为耕种则进行表面复土，作为建筑用地则要分层碾压。

（1）复垦种植的技术要求

对停用多年并已逐渐风化的矸石进行复垦后，可针对具体情况进行绿化种植。先以草灌植物为主，然后再种乔木树种，一般选择抗旱、耐盐碱、耐瘠薄的树种。对表层已风化成土的矸石复垦后无须覆土，可直接进行植树造林或开垦为农田。但在种植农作物前必须查明矸石中的有害元素含量。

（2）矸石作工程填筑材料的技术要求

矸石作填筑材料主要是指充填沟谷、采煤塌陷区等低洼区的建筑工程用地，或用于填筑铁路、公路路基等，或用于回填煤矿采空区及废弃矿井。

矸石工程填筑需要获得高的充填密实度，使矸石地基有较高的承载力，并有足够的稳定性。要求矸石是砂岩、石灰岩或未经风化的新矸石，施工通常采用分层填筑法，边回填、边压实，并按照《工业与民用建筑地基基础施工规范》对填筑工程进行质量评价。

矸石用于矿井回填,通常采用水力充填、风力充填和机械化密实充填方法。水力充填(也称水砂充填)是利用矸石进行矿井回填的常用方法。如果矸石的岩石组成以砂岩和石灰岩为主,在进行回填时须加入适量的黏土、粉煤灰或水泥等胶结材料,以增加充填料的黏结性和惰性;当矸石的岩石组成以泥岩和炭质泥岩为主时,则须加入适量的沙子,以增加充填料的骨架结构和惰性。水力充填所需用的水,可采用废矿井中或采煤过程中排出的废水。充填后固液分离渗出的水还可以复用。机械化密实充填采煤由采煤与充填一体化机械完成。

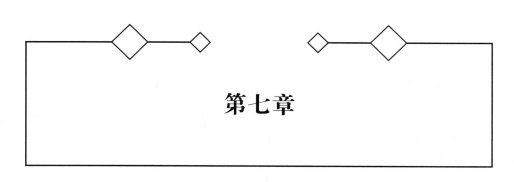

第七章

地质作用与灾害

第一节　地壳的构成

固体地球的最外圈是地壳，它是地质学最直接的和当前最主要的研究对象。地壳由岩石构成，而岩石由矿物组成，矿物是由各种元素组成的，地壳中的化学元素随着地质作用的变化，不断地进行化合和分解，形成矿物。

一、元素

（一）元素和同位素

地球上所有的天然物质及大部分的合成物质都是由自然界天然产生的 90 多种化学元素组成的。由同种原子组成的物质称为元素。原子是元素在仍然保持其化学特性条件下所能划分出的最小粒子。每种元素具有固定的原子序数，在元素周期表中分别占有固定的位置。

原子核中质子数和中子数之和就是原子的原子量。同种元素的原子的质子数取决于元素的原子序数，而中子数可以不同，因而同种元素可以具有不同的原子量。具有不同原子量的同种元素的变种，称为同位素。在已知元素中，除 21 种元素外，其余元素都是两种或两种以上同位素的混合物。同位素是通过元素及原子量来命名的。如碳具有三种天然同位素，其中最为常见的是 ^{12}C，它是具有碳原子所共同拥有的 6 个质子之外还具有 6 个中子的同位素。较为罕见的是 ^{13}C 和 ^{14}C，它们除具有 6 个质子外，还分别具有 7 个和 8 个中子。从化学的角度看，它们的表现是相似的，就像人们无法区别糖中所含的 ^{12}C 和 ^{13}C 一样。

（二）地壳中的元素和克拉克值

对地壳化学成分的系统研究工作始于 18 世纪末，1889 年美国地质调查所的克拉克（F. W.Clark）在各地采集了具有代表性的岩石样品约 5000 块，并进行了化学分析，以此为基础计算出地壳上层（16km 厚）中 50 余种元素的平均重量百分比，提出了第一张地壳元素分布（丰度）表。后他又经过五次修改、补充，并在 1924 年与华盛顿共同发表了地壳元素分布的资料。鉴于克拉克在这项工作中的成就，国际上决定把元素在地壳中平均重量的百分比称为克拉克值，克拉克值又称地壳元素的丰度。

表 7-1 地壳主要分层的平均化学成分（按重量 % 计）

地壳类型	大陆				大洋			
地层	沉积岩层	花岗岩层	玄武岩层	总计	层1	层2	玄武岩层	总计
SiO_2	50.0	63.9	58.2	60.2	40.6	45.5	49.6	48.7
TiO	0.7	0.6	0.9	0.7	0.6	1.1	1.5	1.4
Al_2O_3	13.0	15.2	15.5	15.2	11.3	14.5	17.1	16.5
Fe_2O_3	3.0	2.0	2.9	2.5	4.6	3.2	2.0	2.3
FeO	2.8	2.9	4.8	3.8	1.0	4.2	6.8	6.2
MnO	0.1	0.1	0.2	0.1	0.3	0.3	0.2	0.2
MgO	3.1	2.2	3.9	3.1	3.0	5.3	7.2	6.8
CaO	11.7	4.0	6.1	5.5	16.7	14.0	11.8	12.3
Na_2O	1.6	3.1	3.1	3.0	1.1	2.0	2.8	2.6
K_2O	2.0	3.3	2.6	2.9	2.0	1.0	0.2	0.4
P_2O_3	0.2	0.2	0.3	0.2	0.2	0.2	0.2	0.2
有机物	0.5	0.2	0.1	0.2	0.3	0.1	0.0	0.0
CO_2	8.3	0.8	0.5	1.2	13.3	6.1	—	1.4
S	0.2	0.0	0.0	0.0	—	—	0.0	0.0
Cl	0.2	0.1	0.0	0.1	—	—	0.0	0.0
H_2O	2.9	1.5	1.0	1.4	5.0	2.7	0.7	1.1

从表 7-1 中可知，地壳中各种元素的平均相对含量是极不均匀的。仅 O、Si、Al、Fe、Ca、N、K、Mg、H 等 9 种元素就占地壳总重量的 98.13%。在地壳中已知的 90 多种元素中，其余的 80 多种元素合起来仅占 1.87%。有时元素的克拉克值就能反映它在地壳中的富集情况，如 Fe、Al 等，克拉克值大，易于富集成矿。而有时克拉克值的大小，却不能反映元素局部富集的情况。如 Zr 的克拉克值比 Pb 大 15 倍以上，Ti 的克拉克值比 Zn 大 30 倍以上，但 Zr 和 Ti 却较分散，不易集中，而 Pb 和 Zn 却较易于富集成矿。因此，元素的富集情况，除与元素的克拉克值大小有关外，还受元素的地球化学特征及地质作用等因素的影响。

二、矿物

（一）矿物的概念

矿物是指地壳中的化学元素，指在各种地质作用下形成的，具有一定的化学成分和物理性质的单质或化合物。因此，第一，矿物是天然产出的，它是地壳中的化学元素经过各种地质作用所形成的，而不包括人工合成物质。第二，矿物具有一定的化学成分，而且绝大多数为两个以上元素组成的化合物。有的矿物化学成分非常复杂，可以由 10 种或更多的元素组成；少数为单个元素组成的单质，如石墨（C）、金刚石（C）、自然金（Au）等。第三，绝大多数矿物是固体的，也有极少数呈液态（如石油、自然贡）和气态（如天然气）。固体矿物多数为晶质体，具有一定的内部结构，即其内部质点（包括原子、分子、离子、离子团等）在三维空间成周期性重复排列的固体；仅有少数为内部质点无规律排列的非晶质体，如各种胶体矿物和火山玻璃。第四，由于矿物一般都具有一定的化学成分和内部结构，因而矿物多具有一定的外表形态和理化性质。通常化学成分不同的矿物具有不同的结晶构造及相应的性质和外形，但化学成分相同，也可以形成不同的结晶构造及不同性质和外形的矿物。第五，由于矿物只是表示组成这种矿物的元素在一定地质作用过程中某一特定阶段的存在形式，所以，任何一种矿物只有在一定的地质条件下才是相对稳定的，它反映了矿物形成当时的地质作用和环境。当矿物所处的地质环境改变到一定程度时，原来形成的矿物应就会发生变化，同时形成在新的地质环境下稳定的矿物。

（二）矿物的鉴定特征

鉴别矿物最基本的特征是化学成分和内部结构。尽管有些矿物也许在某一特征上是相同的，但是没有任何两种矿物在上述两方面都是完全相同的。例如金刚石和石墨在化学成分上是相同的，两者完全由碳元素 C 组成，然而由于内部结构的差异使它们的物理性质截然不同：金刚石光亮，无色透明，极其坚硬，质纯者是贵重的宝石；而石墨为铁黑色或钢灰色，不透明而具滑腻感，较柔软，在外力的打击下易呈片状破裂。

以下着重介绍肉眼能够观察到的矿物的几何形态和物理性质：

1. 矿物的形态

矿物的形态是指矿物的单体及集合体形状。在自然界，矿物多呈集合体出现，但是发育较好，具有几何多面体形状的晶体也不少见。

矿物单体的形态：是指矿物单个晶体的外形，主要包括结晶习性、晶面条纹。结晶习性代表在相同条件下形成的同种晶体矿物所具有自己的习惯性的形态。根据晶体在空间三个相互垂直方向上发育的相对程度，可以划分为三种基本类型：沿一个方向特别发育，形成柱状、针状、纤维状的一向延伸型；沿两个方向特别发育，形成板状、片状的二向延伸型；沿三个方向大致同等发育，形成粒状和等轴状的三向延伸型。晶面条纹则是指晶面上由一系列邻接面构成的天然条纹。它是在晶体生长过程中，由相互邻接的两个单形的狭长晶面交替发育而形成的，这一性质对于某些矿物是极其固定的，因而其有一定的鉴定意义。

矿物集合体的形态：同种矿物的许多个体聚集在一起的群体称为矿物集合体，自然界的矿物大多是以集合体的形式出现的。对于结晶质矿物来说，其集合体形态主要取决于单体的形态和它们集合的方式；而对于胶体矿物来说，其集合体形态则依形成条件而定。矿物的集合体形态往往具有鉴定特征的意义。矿物集合体的主要形态有属于显晶集合体的粒粒集合体，片状或鳞片状集合体，柱状、针状或纤维状集合体，致密块状体，晶簇等；属于隐晶及胶态集合体的分泌体、结核体、鲕状及豆状体、钟乳状体、土状体等。

2. 矿物的物理性质

鉴定矿物单靠形态往往无法满足鉴定需求，因为大多数矿物不能发育成具有完好形态的晶体，另外，不同的矿物可以表现为完全相同的形态。矿物的物理性质本质上是由矿物的化学成分和内部结构决定的。组成和结构都不相同的矿物，它们的物理性质一定是不同的。所以，每种矿物都有其特定的物理性质。这就是人们依据矿物的物理性质来鉴定矿物的依据。矿物的某些特殊的物理性质往往使其具有商业价值（如石英晶体的压电性、金刚石的极高硬度、白云母的绝缘性等）。

矿物的物理性质用肉眼鉴定主要是光学性质及力学性质。光学性质包括颜色（自色、他色、假色），条痕，光泽（解理面与晶面的光泽，集合体与断口的光泽），透明度；力学性质包括硬度、解理、形变、比重。

迄今已知的矿物有3000多种，其分类方法很多，计有结晶分类、工业分类、成因分类、化学分类、结晶化学分类等，目前广泛采用的是矿物的结晶化学分类。这种分类方法先以化学成分为基础划分出大类和类；再按结晶结构的形式，把同类中具有相同结构的矿物归为一个族；最后按"具有一定的结晶结构和一定化学成分的独立单位"来划分种（表7-2）。另一种较为常见的分类方法是按矿物的成因，将矿物分为三类：内生矿物，在岩浆作用各阶段形成的矿物，如辉石、角闪石、石英等；外生矿物，在地表受各种外力作用形成的矿物，如高岭石、铝土矿等；变质矿物，在变质作用条件下形成的矿物，如石榴子石、红柱石、石墨等。

表 7-2 矿物的结晶化学分类

大类	类	矿物举例
Ⅰ 自然元素	金属元素 非金属元素	自然金 Au，自然铜 Cu 自然硫 S，金刚石 C
Ⅱ 硫化物	简单硫化物 复硫化物 硫盐	方铅矿，闪锌矿 黄铜矿，辉锑矿 硫砷银矿，

续表

大类	类	矿物举例
Ⅲ卤化物	氟化物 氯化物 溴化物、碘化物等	萤石 石盐
Ⅳ氧化物及氢氧化物	简单氧化物 复氧化物 氢氧化物	赤铁矿，石英 磁铁矿，铬铁矿 三水铝石，针铁矿
Ⅴ含氧盐	硅酸盐 碳酸盐 硫酸盐 钨酸盐 磷酸盐 钼酸盐、砷酸盐、钒酸盐等等	正长石，白云母 方解石，白云石 石膏，重晶石 白钨矿，黑钨矿 磷灰石

三、岩石

矿物在地壳中是很少单独存在的，它们常常组成各种各样的岩石。岩石是在各种不同的地质作用下产生的，是由一种或多种矿物有规律组合而成的矿物集合体。岩石是地壳和上地幔的主要组成物质，是地球发展过程中地质作用的产物，是研究各种地质构造和地貌的物质基础。研究岩石不仅有助于了解地球发展演化的历史，恢复古地理面貌，而且对整个宇宙秘密的认识也具有重要的意义。岩石具有重要应用价值，矿产资源主要产于地壳的各种岩石中，岩石与道路建设、地下建筑、水利水电建设、风景名胜的形成都是息息相关。

自然界岩石的种类繁多，按成因可分为火成岩、沉积岩和变质岩三类。

（一）火成岩

1. 岩浆

岩浆是指在地壳深处或上地幔形成的，富含挥发性组分的高温黏稠的熔浆。对于岩浆人们难以直接观察，其概念是根据火山活动的观察，结合火成岩及其许多实验的研究，以及地球物理方面的资料等建立起来的。岩浆具有高温、黏稠及成分复杂等特点。

岩浆的成分很复杂，以硅酸盐熔浆为主，还含有大量的 H_2O 和 CO_2、H_2S、CO、SO_2、

HF、HCl 等挥发性气体和少量的金属硫化物和氧化物。岩浆中的化学成分若以氧化物计算，主要为 SiO_2、Al_2O_3、Fe_2O_3、FeO、MgO、CaO、Na_2O、K_2O、H_2O、SiO_2 等，其中以 SiO_2 的含量最高，对岩浆的性质影响最大。根据岩浆中 SiO_2 含量的多少，可以将岩浆分为超基性岩浆（$SiO_2 < 45\%$）、基性岩浆（$SiO_2 45\% \sim 52\%$）、中性岩浆（$SiO_2 52\% \sim 65\%$）和酸性岩浆（$SiO_2 > 65\%$）四种类型。

岩浆的温度目前无法直接测定，据推算约为 $700 \sim 1300℃$。酸性岩浆温度稍低，一般为 $700 \sim 900℃$；基性、超基性岩浆较高，一般为 $1000 \sim 1300℃$；中性岩浆介于两者之间。

岩浆呈黏稠状，其黏度主要取决于 SiO_2 的含量，SiO_2 含量越高、黏度越大。黏度与挥发性组分含量及岩浆温度有关。一般挥发性组分含量越低或温度越低、黏度越大。

岩浆是来源于地壳深处的局部地段和软流圈的一种过热的潜柔性物质，这种潜柔性物质在地下深处，呈高温、高压的过热状态，具有很大的内压力，通常它和周围的环境处于相对平衡的状态。一旦由于潜柔性物质本身温度升高，内压力增大，或者由于构造运动使局部压力降低，而破坏了它和周围环境之间的相对平衡，便可转变为岩浆，并沿地壳中裂隙或薄弱地带向上运动，侵入岩石圈上部，甚至喷出地表。岩浆在向上运移过程中，随着温度、压力的降低，岩浆自身的化学成分和物理状态会产生一系列的变化，同时岩浆与围岩之间亦会发生一系列化学反应，从而引起岩浆进一步的变化，最后冷凝固结成为岩石。这种从岩浆的形成、运移、演化直至固结成岩的整个活动过程，称为岩浆作用或岩浆活动。岩浆就是地下深处的岩浆侵入地壳或喷出地表冷凝而成的岩石。岩浆作用还可以细分为岩浆的侵入作用、岩浆的喷出作用、岩浆的分异作用和岩浆的同化混杂作用等。

岩浆的侵入作用是指岩浆上升到一定位置，由于上覆岩层的外压力大于岩浆的内压力，迫使岩浆停留在地壳冷凝形成侵入岩。岩浆的喷出作用是指岩浆冲破上覆岩层喷出地表，喷发的岩浆随外压力降低挥发性组分逸出而成为熔岩，冷凝后变成喷出岩。这两种作用是岩浆活动的主要方式。

2. 火成岩的特征

火成岩的化学成分很复杂，地壳中存在的元素在岩浆岩中几乎都有所见，但各种元素的含量极不平衡。火成岩的平均化学成分非常接近于地壳的平均化学成分，这是因为火成岩约占地壳总重量的 2 / 3 的缘故。火成岩中各主要元素和氧化物的平均含量如表 7-3 所示。

表 7-3 火成岩的平均化学成分

氧化物	重量所占的比例／%		元素	重量所占的比例／%	
	诺科尔兹（1954）	黎彤等（1963）		尼格里（1938）	费尔斯曼（1939）
SiO$_2$	61.67	63.03	O	46.60	49.13
TiO$_2$	0.97	0.90	S	27.70	26.00
Al$_2$O$_3$	14.87	14.6	Al	8.13	7.45
Fe$_2$O$_3$	2.13	2.30	Fe	5.00	4.20
FeO	4.07	3.72	Ca	3.63	3.25
MnO	0.10	0.12	Na	2.83	2.40
MgO	3.47	2.93	K	2.59	2.35
CaO	5.17	3.04	Mg	2.09	2.35
Na$_2$O	3.47	3.61	H	0.13	1.00
K$_2$O	2.83	3.10	Ti	0.44	0.61
H$_2$O	0.67	0.92	C	0.03	0.35
P$_2$O$_5$	0.26	0.31	N		0.04
			P	0.08	0.12
总计				99.25	99.25

3. 组成

火成岩的矿物成分主要是硅酸盐矿物，它们在火成岩中的分布很不均匀，最多的是长石、石英、云母、角闪石、辉石、橄榄石等，这几种矿物平均占火成岩矿物重量的 92%，所以称为火成岩的造岩矿物。在这些矿物中，长石、石英、白云母等富含 Si、Al，颜色浅，称浅色矿物；角闪石、辉石、橄榄石、黑云母等富含 Fe、Mg，称暗色矿物。

上述各种主要造岩矿物，在岩浆冷凝过程中具有一定的结晶顺序。1922 年美国学者鲍恩（N.L.Bowen）在实验室观察人工岩熔浆的冷凝结晶过程，并结合野外观察，得出火成岩主要造岩矿物的结晶顺序及其共生组合，称为鲍恩反应系列。

随着岩浆温度的下降，暗色矿物和浅色矿物分成两个系列并行结晶，暗色矿物从橄榄石开始，逐渐变化到黑云母；浅色矿物从基性斜长石开始，到酸性斜长石。然后两个系列归结到正长石、白云母和石英，横行表示在同一水平位置上的矿物，大体上是同时结晶的，于是按照共生组合规律组合成一定类型的岩石，由此可见，各类岩石之所以具有一定的矿物组合，就是受矿物的这种共生组合规律支配的。

鲍恩反应系列提供了火成岩中矿物结晶的顺序和共生组合的规律，而自然界的天然岩浆作用涉及多种复杂因素，除温度变化以外，诸如压力、熔点、挥发组分、化学成分和组合比例等因素，均影响到岩浆作用。

火成岩的结构是指组成岩石的矿物的结晶程度、晶粒大小、晶粒相对大小、晶体形状及矿物之间结合关系等，所反映出来的岩石构成特征。影响火成岩结构的因素首先是岩浆的冷凝速度。冷凝慢时，矿物晶粒常常粗大，晶形较完好；冷凝快时，有众多晶芽同时析出，它们争夺生长空间并相互干扰，结果矿物晶粒细小，晶体不规则；冷凝速度极快时，甚至成为非晶质。岩浆中矿物结晶的先后也是影响结构的重要因素。

火成岩的结构类型较多，按照结晶程度可以分为全晶质结构、半晶质结构和非晶质结构；按照晶粒的大小可以分为粗粒结构、中粒结构、细粒结构和隐晶结构；按照晶粒的相对大小可以分为等粒结构、斑状结构和似斑状结构；按照晶粒的形状，可以分为自形结构、半自形结构和它形结构等。

火成岩的构造是指组成岩石的矿物集合体的大小、形状、排列和空间分布等，所反映出来的岩石构成特征，它是岩浆形成条件和环境的反映。火成岩主要的构造有气孔构造、杏仁构造、流纹构造、流线构造、斑杂构造、块状构造和晶洞构造等等。

4. 火成岩的分类

在自然界中，火成岩的种类繁多，已知的就有 1000 多种。火成岩的分类原则为：

化学成分，火成岩根据 SiO_2 含量的不同，可以分为超基性岩类、基性岩类、中性岩类和酸性岩类。其次依据 Na_2O+K_2O 的含量又分出碱性岩和半碱性岩。

矿物成分，岩石的矿物成分是火成岩分类最主要依据。一般是先按主要矿物的种类、性质确定岩石类型，再按主要矿物的百分含量确定岩石的名称。其中是否含有石英、长石的种类和比例在分类中起主导作用，同时也考虑到暗色矿物的含量和种类。

岩石的产状和结构、构造，按照反映火成岩生成环境的产状，可以将火成岩分为深成岩、浅成岩和喷发岩三类。每类岩石分别具有与其生成环境相对应的结构和构造。

（二）沉积岩

沉积岩是在地表或接近地表常温、常压条件下，任何先成的岩石遭受风化剥蚀作用破坏的产物，以及生物作用和火山作用形成的物质在原地或经外力搬运所形成的沉积层，又经成岩作用而形成的岩石。若按重量计算，沉积岩仅占地壳总重量的 5%；但若以面积论，沉积岩却占大陆地壳面积的 75%，是地表最常见的岩石，地壳中的沉积层不仅记载了地质发展的历史进程，而且其中贮存着许多重要的矿产，如煤、石油、铁矿等等，所以研究沉积岩具有极大的经济意义和科学意义。

1. 沉积岩的形成过程

外力作用是在大气、水、生物三种因素的参与下发生的。它们进行地质作用的形式不同。同种因素进行地质作用的具体形式也有多样。但其实质都是对岩石的破坏，破坏产物的搬运，搬运物质的沉积以及沉积物的固结成岩。所以除生物作用和火山作用形成的沉积岩外，沉积岩的形成过程一般可以分为四个相互衔接的阶段。

先成岩石的破坏阶段：岩石受外力作用后发生机械崩解，即物理风化和化学分解（即化学风化），变成松散的碎屑甚至成为土壤，并残留原地的作用，称为风化作用。位于地表或接近地表的岩石无处不受到风化作用，可以说它是使地表岩石破坏的先导。使地表岩石遭受破坏的另一途径是剥蚀作用，它主要是水、冰川、风等各种外力在运动状态下，对地表岩石和风化产物的破坏作用，同时将产物搬离原地。

风化作用与剥蚀作用虽有区别，但又有密切联系。它们在导致地表岩石产生破坏的过程中是相辅相成的，甚至难以分开。

母岩遭受风化剥蚀后的产物可以归纳为三大类：碎屑物质：包括岩石碎屑和矿物碎屑，主要是岩石物理风化的产物，其次为化学风化后完全分解而残留的矿物碎屑，它们是构成碎屑岩的主要成分。溶解物质：主要是岩石化学风化和生物风化作用的产物，其中一部分是 K、Na、Ca、Mg 等的碳酸盐、硫酸盐及氯化物等易溶物质，另一部分是 Si、Al、Fe、Mn、P 等元素的胶体物质，它们分别以真溶液和胶体溶液的形式被带走，最终汇入湖、海之中，构成沉积岩中化学岩和生物化学岩的主要成分。难溶物质：残留在原地的不活泼元素的氧化物构成的黏土矿物，如铝土矿、高岭石、赤铁矿、褐铁矿等。

搬运作用阶段：风化剥蚀作用的产物被流水、冰川、风、重力以及生物等搬运到它处的作用称为搬运作用。搬运方式有机械搬运、化学搬运与生物搬运三种。风化和剥蚀产生的碎屑物质以及大部分黏土矿物多以机械搬运为主，而胶体和溶解物质则以化学搬运为主。

沉积作用阶段：岩石风化剥蚀的产物在搬运过程中，由于流速或风速降低，冰川的融化以及其他因素的影响，导致搬运物质的逐渐沉积，这种作用称为沉积作用。沉积作用的方式有机械沉积、化学沉积和生物化学沉积三种。

固结成岩作用阶段：岩石风化剥蚀的产物经过搬运、沉积之后，形成了松散的，富含水分和粒间空隙的沉积物，沉积物必须经过一定物理的、化学的、生物的以及其他的变化和改造，如水分的排出、孔隙的减少、密度的加大、胶结和重结晶等，才能变成固定的岩石。这种促使松散沉积物转变成坚硬岩石的过程称为固结成岩作用。引起固结成岩作用的原因主要有压固作用、胶结作用、重结晶作用和新矿物的生长等。

2.沉积岩的基本特征

沉积岩的化学成分：由于沉积岩的组成物质主要来源于火成岩的风化产物，所以沉积岩的平均化学成分与岩浆相似。但是，沉积岩和花岗岩这两类岩石的成因和所处的形成环境迥然不同，因而两者在化学成分上也存在着一些明显的差异。差异的原因是沉积岩是在地表氧化环境中形成的，因而沉积岩中 Fe_2O_3 的含量大于火成岩，并且富含 H_2O 和 CO_2。

沉积岩中的矿物成分：组成沉积岩的矿物达 160 种以上，而常见的不过 20 多种，主要有石英、白云母、黏土矿物、正长石、钠长石、方解石、白云石、石膏、硬石膏、赤铁矿、褐铁矿、玉髓、蛋白石、海绿石等。其中，石英、正长石、钠长石、白云母也是火成岩中常见的矿物，而火成岩中常见的橄榄石、辉石、角闪石、黑云母、钙长石在沉积岩中很少出现，而沉积岩中普遍分布着黏土矿物、方解石、白云石、石膏、硬石膏、有机物质及铁质沉积矿物等这些是火成岩中不存在的。

造成这种差别的原因是沉积岩是在地表常温、常压条件下由外力作用形成的，而那些只能适应地下高温条件的火成岩矿物，如橄榄石、辉石、角闪石、黑云母、钙长石等，既不能由外力作用形成，也无法作为碎屑矿物而稳定地存在。能够适应环境变化、抗风化能力较强的石英、钾石、钠长石、白云母等，在地表环境下可以作为碎屑矿物而稳定存在。黏土矿物、石膏、硬石膏、方解石、白云石、沉积铁质矿物、海绿石则是在地表环境下形成的特征矿物，成为沉积岩的特征矿物。

沉积岩的结构：沉积岩的结构是指组成沉积岩颗粒的性质、大小、形态及其相互之间的组合关系。沉积岩中常见的结构有碎屑结构、泥质结构、晶粒结构和生物结构等。其中碎屑结构就是由母岩风化后产生的碎屑进入沉积物后被胶结起来所形成的岩石结构，按照颗粒的大小它又可以分为砾状结构、砂状结构和粉砂状结构三种。泥质结构是由极细小的黏土矿物所组成的结构。晶粒结构是指由化学作用和生物化学作用从溶液中沉淀的晶粒或成岩作用中重结晶形成的晶粒所构成的岩石结构。生物结构则直接由生物遗体构成。

沉积岩的构造：沉积岩的构造是指沉积岩中各组成部分的空间分布和排列方式。沉积岩的主要构造就是层理和层面构造。这是沉积岩最主要的特征之一，也是沉积岩区别于岩浆岩和变质岩的重要标志。

所谓层理就是指沉积岩的物质成分、结构等沿垂直于层面方向的变化或相互更替所显示出来的层状构造。层理根据形态和成因，可以分为水平层理、波状层理、交错层理、粒序层理等。

层面构造则是沉积岩层面上所保留的由于自然作用产生的一些痕迹，它常标志着岩层的特征，并反映岩石的形成环境。常见的层面构造有波痕、雨痕、干裂、缝合线、结核、生物遗迹等。

3.沉积岩的分类

沉积岩的分类可根据成因、物质成分和结构等特征，划分为碎屑岩类、黏土岩类、化学岩和生物化学岩类等三大类。在上述这三类岩石中，可根据岩石的结构和成分，再分成各种不同的岩石（表7-4）。

表 7-4 沉积岩分类

岩类		物质来源	沉积作用	结构特征	岩石分类名称
碎屑岩类	沉积碎屑岩亚类	母岩机械破坏碎屑	机械沉积为主	沉积碎屑结构	1. 砾岩及角砾岩 2. 砂岩 3. 粉砂岩
	火山碎屑岩亚类	火山喷发碎屑		火山碎屑结构	1. 火山集块岩 2. 火山角砾岩 3. 凝灰岩
黏土岩类（泥质岩类）		母岩化学分解过程中形成的新生矿物——黏土矿物	机械沉积和胶体沉积	泥质结构	1. 黏土 2. 泥岩 3. 页岩
化学岩和生物化学岩类		母岩化学分解过程中形成的可溶物质和胶体物质，生物化学作用产物	化学沉积和生物沉积为主	化学结构、生物结构	1. 铝、铁、锰质岩 2. 硅、磷质岩 3. 碳酸盐岩 4. 盐类岩 5. 可燃有机岩

第二节　板块构造

塑造地球的力量有"内力作用"和"外力作用"两类，内力作用是产生于"地球内部"的地壳运动、火山、地震，主要由地球内部的热力所驱动。内力作用也反映到地表，有区域性的，也有全球规模的。板块构造即全球性地壳构造，是认识了解地质演化的基础。

一、板块构造原理

大陆漂移说主要的障碍是固体的大陆如何能在固体的地球上移动。现代通过地球物理的研究（主要是地震波），了解到地球从表层到地核中心并非完全都是固体的，而在接近地表部分存在着一个塑性的部分熔融的层圈。因而，固体的地球的外壳漂浮在下伏的半固体层之上。

地球从地表到核心，可分为地壳、地幔与地核三个最基本的层圈，这是按其组成成分来划分的。若按物理特性，则地壳是固体，地幔的最上部亦是固体，这二者构成一个固体层，称为岩石圈；岩石圈之下是部分熔融和塑性的，称软流圈，软流圈亦存在于上地幔中；软流圈之下，整个地幔都是固体的。

岩石圈在地球的不同地方其厚度不同，在洋底其厚度较小，从地表向下约 50km 厚；在大陆地区厚度较大，从地表向下可达到 100km 厚。

岩石圈之下是软流圈，在地幔中的软流圈向下延伸，深度为 500km，即其厚度有 400 余千米。它的上部是缺乏强度或刚性的，可以产生熔融，但软流圈并非全部是熔融的，只是在固体岩石中局部地存在着一小部分岩浆。软流圈大部分温度接近岩石的熔点温度，使岩石在巨大的压力下产生塑性流动。

软流圈是借助地震波的研究而发现的，软流圈的研究使大陆漂移说能被人们理解与接受。大陆不必在固体的岩层上拖曳运动，而是坚固的大陆、岩石圈板块之下，有个柔软的黏糊的圈层，岩石圈板块在这软层上滑动。

环绕地球外层的岩石圈并非完整连续的，而是由若干块球面的块体组合而成，就像一只足球，是由一些皮块缝合成球体。岩石圈分裂为若干板块，其分界线即是地球表面火山地震的集中分布带。地震与火山的分布大多呈带状或链状，它们反映了该处是岩石圈板块的分裂处，是板块的分界。

二、板块构造运动的证据

软流层的发现与研究，使得大陆漂移说即板块运动成为比较可信的观点，但其尚未说明板块是否曾经产生运动，又是如何发生运动的。20 世纪 50 年代以来的洋底调查，为板块曾经发生过运动积累了可做佐证的资料。

（一）岩石磁性与古地磁

许多含铁的矿物在地表常温下都至少具有微弱的磁性。每一块带磁性的岩石都具有居里温度，当熔融的岩石逐渐冷却，即使低于居里点温度，岩石磁性仍可以保留，但高于居里点温度，岩石则失去它的具有磁性的特征。虽然矿物的居里温度各不相同，但它总是低于矿物的熔化温度，因此，炽热的岩浆没有磁性，但是当它冷却和固结，并且从中结晶出铁镁硅酸盐和其他含铁的矿物时，这些带有磁性的矿物趋于按相同的方向排列。就像小的罗盘指针，它们使得自己平行于北 - 南延伸的地球磁场的磁力线方向，并指向磁北极，除非受到重新加热它们将保持固有的磁性方向。这就是古地磁学的基础，岩石中的"化石磁力"。

然而，磁北极并不总是与它目前的位置相吻合。在 20 世纪初，科学家对法国一个火山岩序列磁化方向的调查发现，一些磁力线的磁化方向与另外一些恰好相反：它们的磁化矿物指向南而不是向北。这现象发生在世界上许多地方，证实地球磁场曾经发生磁极倒转，也就是南、北磁性曾经调换过位置。当这些令人惊奇的岩石产生结晶时，磁针将指向磁南极而不是磁北极。

现在，磁性倒转现象已被证实。当岩石结晶时磁场方向与现在磁场方向一致，则被称为正常磁化；当岩石结晶时磁场方向与现在磁场方向相反，则被称为倒转磁化。在地球的历史中，磁场曾经以不同的时间间隔发生过多次的倒转，有时磁极稳定的时间可以近100万年，而有时仅相隔几万年就发生倒转。通过对磁化岩石的磁性测量和年龄确定，地质学家已经能够详细地重建地球磁场的倒转历史。

对磁性倒转的解释必须与磁场的由来相联系。外地核主要是由铁组成的金属流体。导电流体内的运动可以产生磁场，而这被认为是地球磁场的起因。（仅仅由于地核中含有铁是不足以引起磁场的，因为地核的温度远高于铁的居里温度。）而流体运动的紊动或变化才能引起磁场的倒转。

（二）海底扩张

洋底主要是由玄武岩组成，它是富含铁镁矿物的火山岩。20世纪50年代，大规模的全球海底磁性调查，发现洋底岩石的磁性呈条带状规则地排列，是正常磁化的岩石与倒转磁化的岩石呈带状相互交替。开始当作调查测量错误，而后不断发现此现象，其结果导致地球科学上重大的发现——海底在扩张。

磁性条带可以被解释为海底扩张的一种结果。如果洋底岩石圈破裂而且板块产生相背运动，岩石圈的裂隙将张开。但其结果并不是一条深50km的裂隙。当裂隙开始产生时，由于上覆岩层压力的释放发生了广泛的熔融，产生了来自软流层的岩浆，岩浆的上升、冷却和固结形成了新的玄武岩，并按地球磁场的主导方向被磁化。假如板块继续相背运动，新形成的岩石也将破裂和分离，而更年轻的岩浆进入其中，这个过程不断进行，海底不断扩张。

如果在海底扩张的同时，地球的磁极发生倒转，磁场倒转后形成的岩石的极化方向与磁场倒转之前恰好相反。洋底是几千万年或几亿年来形成的连续的玄武岩序列，在这一时段内产生十几次的磁极倒转。海底的玄武岩就像磁带记录仪，在代表正常和倒转磁化岩石交替出现的条带中保存了磁极倒转的记录。

（三）洋底地形与年龄

20世纪50年代以来，随着大洋测深与定位技术的进步，对大洋底部的地形已可制作出较详细的海底地形图，发现海底并非平坦的，有系列巨型海底山脉、海底山及岛弧、深海沟。这些巨型地貌均与海底构造演化密切相关，均是岩石圈板块运动的有力证据。

洋中脊是分布于大洋底的巨大山系，在大西洋位于洋底的中间，它将大西洋分为东西两部分，高出洋底 2000 ～ 4000m，宽约 2000km，其轴部为一纵长的裂谷，自轴部向东西两侧，地形逐渐低下，进入海底平原。大西洋洋中脊为一系列横向（东西向）断裂分割，使整个洋中脊在平面上呈 S 形。太平洋洋中脊位于东部，靠近美洲大陆，印度洋洋中脊呈人字形，印度洋海底山系将印度洋分成三块。世界大洋的这些洋中脊均相连，构成环绕地球 64000km 的海底巨型山系。

洋中脊及洋底主要是玄武岩，可用同位素测年法，测得洋底各部位的年龄。其结果是接近洋中脊处最年轻，在洋中脊轴部岩石年龄为百万年以内，其裂谷中有现代喷发的熔岩，即正在形成中的洋壳，向两侧年龄逐渐增大，为上新世至古新世（500 万年至 6500 万年），至洋底盆地主要是白垩纪，而最外围是侏罗纪，即洋底岩石最老的年龄未超过 2 亿年。与磁化条带一样，岩石年龄的分布亦呈条带状，在洋中脊两侧呈对称分布。这些有力地证明，随着洋底扩张，原来的岩石不断地被洋中脊轴部新生的岩石扩张推挤向两侧移动，使近轴部岩石年青，越远离洋中脊岩石年龄越古老。

海底山，洋底有一些水下火山锥，也有水下火山发育高出水面呈岛屿的，它们常成线状排列，构成火山岛链。如夏威夷群岛是一列西北 – 东南向的火山岛链，最南面的夏威夷岛有现代活火山，其岛的年龄小于 50 万年，至瓦胡岛（Oahu）已无活火山，其年龄为 230 万年至 330 万年，至考爱岛（Niho）为 750 万年，纳基尔岛（Necher）为 1100 万年，到中途岛为 2500 万年，而后火山链转折成大体南北向的帝王海底山链，其年代更古老。这种火山链表明，地幔上部有一种"热点"，地幔中熔融的岩浆成柱状通过热点上升到地球表面，热点中地幔物质熔融成岩浆，喷出为火山，热点在地幔中有固定的位置，岩石圈板块通过该热点向西北运动而形成一连串火山。火山的年龄靠近热点较年轻，距热点越远、年龄越老。

（四）地极的移动

地球是个磁体，有磁北极和磁南极，好似一个巨型磁棒穿过地球，通过球心，形成地球的大磁场。地球上一切磁性物体都受磁场的影响。地磁极与地轴之间有一交角，即磁偏角。通过古地磁的测量计算，可以找到地质时期的磁北极与地球北极，同样可找到磁南极与地球南极。

地球上最古老的岩石不在洋底，而是在大陆。在大陆已发现有 40 亿年前的岩石。对大陆岩石磁化方向的研究，可以得出若干亿年前的磁化状况，得出不同年龄岩石的磁极位置。磁极总是有规律地靠近地极的，由古地磁测定古磁极的位置并不在今日北极、南极附近，而是远离今日南北极的地球的其他部位，这反映了当时形成于磁北极（或磁南极）的岩层，已发生了位移，从地极移到今日地极的位置。

三、板块边界类型

目前的科学水平，对古大陆的位置、布局已比较清楚。在 2 亿多年前地球是一块统一的大陆，称为泛大陆，现代的海底扩张是泛大陆解体的痕迹，也就是岩石圈板块的一种边界。岩石圈板块相对运动，也就在大陆岩石圈或海洋岩石圈的边界，产生三种边界类型。

（一）离散型板块边界

在离散型板块边界上，如大洋中脊，岩石圈板块相互分离，这来自软流圈的岩浆涌出，此处并形成新的岩石圈。因此，在扩张脊上产生了大量的火山活动。另外，沿着这些板块边界脊，岩石圈板块的拉张部分产生地震。

大陆也可以被裂谷分开，这种现象较为少见，可能是大陆岩石圈比大洋岩石圈厚得多的缘故。在大陆裂谷发育的早期，沿断裂可以产生火山喷发，或者巨大的玄武熔岩流通过大陆裂隙涌出；如果断裂作用继续进行，在两个大陆板块之间将最终形成新的洋盆。目前的东非裂谷即非洲大陆的最东部分正在被裂谷分裂，扩大朝着产生新生洋盆的方向发展，最终是新的大洋将非洲大陆板块分隔为两块。

（二）转换断层边界

洋中脊、扩张脊的构造并非单一直线状的裂谷，而是非常复杂的。扩张的洋中脊长几千千米，通常是不连续的，中脊是由许多相互微微错开的较短的部分组合而成的。断错区是一种特殊的岩石圈断层或断裂，称互为转换断层。转换断层相对的两侧分属两个不同的板块，并且它们是向相反方向运动的。由于板块相互刮擦而过，沿着转换断层产生了地震。

（三）聚合性板块边界

处于大陆块与洋盆交界的海沟，是消减作用的敛合性板块的边界，沿着此边界两个相邻的板块作相向运动。大陆岩石圈的密度较低，海洋岩石圈密度接近其下伏的软流圈，密度较大，相向运动使大陆板块上浮，而大洋板块易于俯冲到软流圈中，因此，它是消减性的边界。沿此边界，相邻板块发生挤压，引起强烈地震和岩石的构造变形。俯冲板块熔融成岩浆，形成岛弧，产生火山作用、侵入作用及岩浆活动等。

在大陆与大陆碰撞的情况下，两个陆块产生裂隙、折皱和变形。其中一个陆块可以部分地爬升到另一个陆块之上，但是大陆岩石圈的浮力使得两者都不会深陷入地幔中去，而产生了巨厚的大陆。在碰撞活跃期间由于这一过程涉及巨大应力的结果，使得地震频繁发生。喜马拉雅山脉的极大高度正是这种大陆与大陆碰撞的结果。印度并非始终是亚洲大陆的一部分。古地磁的证据指出，几亿年来它一直在从南向北漂移直到"撞及"亚洲板块，并且在这次碰撞中形成了喜马拉雅山。早些时候，在泛大陆解体之前，非洲和北美板块的碰撞以同样的方式建造了原始的阿巴拉契亚山脉。实际上，世界上许多主要的山脉代表了过去板块碰撞的位置。

地球上的消减带维持着海底的平衡。如果大洋岩石圈在扩张脊不断地形成，相等数量的大洋岩石圈必须在某地被消亡，否则地球将不断增大，额外的海底在消减带被消耗。向下俯冲的板块受到炽热软流圈的加温，并且随着时间的推移将变热到产生熔化。与此同时，在扩张脊上，其他的熔体上升，冷却并结晶形成新的海底，所以，在某种程度上，大洋岩石圈不断地在循环，这解释了为什么海底缺乏非常古老的岩石。在碰撞时，大洋板块进入大陆并被保存下来是十分罕见的。通常，大洋板块在碰撞带是向下俯冲并被销毁，漂浮的大陆板块无法以这种方式重建，因此，非常古老的岩石可被保存于大陆上。由于所有的大洋都是运动着的板块的一部分，迟早它们都将被运移到碰撞带上，作为大洋岩石圈前缘被销毁。

消减带在地质上是非常活跃的。从大陆上剥蚀而来的沉积物可以沉积海沟中，这海沟是向下俯冲的板块所形成的，随着向下沉陷的岩石圈，部分沉积物可以被带到软流圈并产生熔化。在熔融物质上升穿过上覆岩石到达地表的地方形成火山。在大洋与大陆板块碰撞带，通常形成一系列的火山岛、岛弧。由碰撞和消减作用伴生的巨大的应力产生了大量的地震。环太平洋的岛弧、海沟带即是这类板块边界的典型。

第三节　地　震

在地球发展过程中，地球各部分之间发生着某些相对运动，地震就是这些相对运动中的一种。它是岩石圈中内能逐渐积累而突然释放的结果，是一种内力地质作用。地震引起地球物理性质（如电磁场）的微观变化，同时使地面变形、地壳错动，诱发地壳隆起和陷落、褶皱和断裂，地面发生崩塌滑坡、火山喷发与海啸等一系列宏观地质现象，在很短的时间内给人类造成巨大的灾害。所以，地震造成地质环境的急剧变化，是环境地质中一个重要的组成部分。

一、地震的基本理论

（一）地震的概念

地壳任何一部分的快速颤动称为地震。地震是一种经常发生的有规律的自然现象，是地壳运动的一种形式。人们能够直接感觉到的地震每年约 5 万 ~ 6 万次，其中造成破坏性的地震每年约 1000 次，破坏严重的地震每年约 100 次（表 7–5）。

表 7-5 地震强度与地震次数的关系

种类	震级	每年发生次数	大致释放的能量／J
巨震	> 8	1 ~ 2	> 5.8×10^{30}
大震	7 ~ 7.9	18	2 ~ 4.2×10^{29}
毁灭性地震	6 ~ 6.9	120	8 ~ 150×10^{27}
破坏性地震	5 ~ 5.9	800	3 ~ 55×10^{26}
小震	4 ~ 4.9	6200	1 ~ 20×10^{25}
通常能感觉到的最小地震	3 ~ 3.9	49000	4 ~ 72×10^{23}
仪器能探测到的地震	2 ~ 2.9	300000	1 ~ 26×10^{22}

　　地震发生在陆地上，同样也发生在大洋底部。当发生海底地震时，所产生的震动及所诱发的海底岩层陷落、块体运动和海底火山爆发等，往往使得局部海水体积变动，或压力瞬间急剧增大，形成巨大的海浪，被称为海啸。

　　地震发源于地下某一点，该点称震源，它往往是断层上首先产生运动或破裂的点。对应震源地面最近的一点称为震中，通常新闻报道某地发生地震，所提到的地点就是震中的位置。从震源到震中的距离，称为震源深度。根据震源深度，地震可分为浅源地震（深度 0 ~ 70km）、中源地震（70 ~ 300km）、深源地震（300km）。据统计，大多数地震属浅源地震，约占地震总数的 75%，破坏性大地震震源深度大多在 5 ~ 20km 范围内。

（二）地震的类型

　　地震的成因主要有构造的、火山的、陷落的及其他激发因素所引起的诱发地震。

1. 构造地震

　　它是由于岩石圈的构造变形所造成的地震。构造地震的特点是活动频繁、延续时间长、影响范围广、破坏性强。世界上大多数地震和最大的地震均属此类。它约占全球地震的 90%，常分布在地壳活动带及其附近。

　　构造地震主要是由断层引起的。岩石圈中因地壳运动岩层经常处在某种挤压或推动力的作用下（这种作用在岩石单位面积上的内力称为地应力。岩石在地应力也就是构造应力的作用下，积累了大量的应变能），岩石受力达到一定程度时，首先发生变形，产生体积和形态的改变。当应变能一旦超过岩石所能承受的极限强度时，就会使岩石突然产生断裂，或使原来已有的断裂突然活动，断裂的岩石或重新活动的断裂使得已积累的应变能迅速释放出来。其中一部分以地震波的形式传播出来，当地震波传到地表时，使地面产生震动，这就是地震。

因此，构造地震是内能转化为位能（柔性变形和断裂），再由位能转化为动能（地震波传播），最后释放出能量的过程。也可以说，构造地震是地球内部能量释放的过程，是地球内部能量转化的一种形式。

2. 火山地震

是由火山活动引起的，其特点是震源较浅，一般不超过 10km，数量较少，约占地震总数的 7%，影响的范围较小，主要集中于火山活动带，而且，一般是由中性和酸性岩浆喷发的火山所引起的。

火山活动之所以会产生地震，主要是因为地下岩浆的冲击或者由于强烈的爆炸产生断层并导致地层的移动。位于现代活动火山带上的意大利、日本、印度尼西亚等国及堪察加半岛等最容易发生火山地震。

3. 陷落地震

主要是在重力作用下，由于块体运动或地面、地下塌陷引起的。它主要发生于可溶性岩石分布地区，矿井下面及山区。

在可溶性岩石分布地区，岩石受到地下水长期的溶蚀，往往形成许多大型的地下溶洞，随着溶洞的不断扩大，喀斯特化程度的加深，当洞顶不能承受其上部岩石的重量时，会产生突然的塌陷，从而引起地震。在矿井的下面，尤其是煤矿，因其采空区范围较大，无足够的回填，上覆岩层也可能突然崩塌，引起地震。此外，在高山地区，由于悬崖或陡坡上大量岩石的崩落也可能造成地震。

陷落地震的震源很浅，影响的范围小，震级也不大，因而传播不远。这种地震为数很小，约占地震总数的 3%。

4. 诱发地震

由于修建水库、人工爆破、采矿、注水、抽水等一系列外界因素触发而引起的地震称为诱发地震。诱发地震影响范围小，破坏力亦较小。

人类活动诱发地震的另一种情况与水库的建设有关。这主要是大坝建成后水库蓄水所造成的地壳负荷所引起的。美国亚利桑那州和内华达州胡佛大坝后的米特（Mead）水库，在蓄水后的 10 年内，该地区发生了数以百计的小地震。这种地震一般是在水库蓄水达到一定时间后发生的，多分布在水库下游或水库区。有时在水库大坝附近发生的趋势是最初地震少而小，以后逐渐增多，强度加大，出现大震，然后再逐渐减弱。

所以，诱发地震是人类活动、大型工程等影响的结果，因此，在规划大型工程时，应做环境地质考察工作。

（三）地震的发展过程

上述的地震成因类型中，构造地震显然是最主要的。

一次大地震的发生，只经过几秒到几十秒的时间，但任何一次地震的形成都有其孕育、发生和衰减的过程。特别是强烈的构造地震，一般可以分为前震、主震和余震三个阶段。

强烈地震发生前，往往有一系列微弱或较小的地震，称前震。有些强烈地震的前震非常显著，在强震发生前几天甚至前几个月就有一系列的小震；而有些强烈地震的前震并不显著，强震来得比较突然。一般说来，往往有前震作为发生强震的预兆。

某一系列地震中最强烈的一次震动，称主震。但也有一些地震的主震并不突出。

强烈地震过后，在震中区及其附近地区，往往还有一系列小于主震的地震，称余震。其强度与频度时高时低，持续时间可达数月甚至数年之久。如1920年宁夏海原大地震，余震三年未息。余震总的发展趋势是逐渐衰减直至平静下来。但也有些地震，其余震并不明显或特别稀少。

在地震的孕育、发生到衰减的全过程中，发生在相近的同一地质构造地区的一系列大大小小的地震，称为地震序列。根据其能量释放规律和地震序列的活动特点，可分出孤立型、主震型与震型的三种类型。

1. 孤立型地震

又称单发性地震。其显著特点是没有或很少有前震和余震，而且它们与主震的震级相差很悬殊，地震的能量基本上是通过主震一次释放出来的，前震和余震的能量常不到主震的1%。

2. 主震型地震

它在时间空间上密集发生，其能量的释放以主震为主，约占全系列的90%以上。这类地震有的有前震，有的不明显。但有很多余震，持续时间短，起伏小，活动范围小。

3. 震群型地震

它的特点是主要能量通过多次震级相近的强震释放出来，而没有突出的主震。最大地震在全序列中所占的能量比例，一般均小于80%。此类地震的前震和余震较多而且较大，常成群出现，活动持续时间较长，衰减速度较慢，而且活动范围较大。

构造地震发展的阶段性及类型的差异，可能和构造地震产生的过程及断裂所在的介质的均匀与否有关。一般说来，岩层的断裂有个从量变到质变，从局部断裂到整体断裂的发展过程。当地应力即将加强到超过岩石的承受强度时，岩层首先产生一系列较小的错动，从而形成许多小震——前震；接着地应力继续增大，就会引起岩层整体断裂，形成大震——

主震；主震发生后，已断裂岩层之间的位置还要经过一段时间的继续活动和调整，把岩层中剩余的应变能彻底释放出来，因此，主震之后又会发生一系列小震——余震。

二、地震波、地震仪、震中定位

（一）地震波

地震发生时，它从震源向外传送地震波，并释放出积蓄的能量。地震波是地震时岩石中各个质点有规律地振动而产生的弹性波。根据传播方式，地震波可分为体波与面波两类。体波是通过地球固体岩石传播的地震波，有纵波与横波两类；面波是沿地球表面传播的，亦称 L 波。它不是直接从震源发生的波动，而是纵波与横波在地表相遇激发产生的，它仅沿地面传播，不能传入地下。其波长大，振幅大，传播速度最慢，比横波几乎小一半。其振动方式兼有纵波和横波的特点，类似于质点作圆周振动的水面波。表面波的振幅大，它是地面建筑物受强烈破坏的主要因素。

1. 纵波

纵波是一种压缩波。当纵波穿过物体时，质点做前后运动，物体被交替压缩和扩张，质点的振动方向与波的传播方向一致。纵波穿过地球的情形就像声波在空气中传播一样。纵波造成的结果是引起地面的上下跳动。纵波在固态、液态及气态的介质中均能传播。纵波的传播速度较快，在地壳中为 5.5～7.0km／s，一般表现为周期短、振幅小的特点。因此，当地震发生时，纵波是最先到达的波动，亦称 P 波（Primary 的首字母）。

2. 横波

横波是一种涉及质点侧向运动的剪切波。波动时质点的振动方向与波的前进方向垂直。横波只能在固体中传播。横波造成的结果是引起地面水平晃动。横波的传播速度比较慢，在地壳中为 3.2～4.0km／s，一般表现为周期较长、振幅较大的特点。因此，当地震发生时，横波是第二个到达的波动，故又称 S 波（来自 Secondary 的首字母）。

（二）地震仪

地震发生时激发出地震波，当这些地震波到达地面时，便引起地面的运动，记录和测量这种运动的仪器称为地震仪。一般它记录的是地动位移，但也可以记录地面运动的速度或加速度。

世界上最早的地震仪是我国东汉时代学者张衡于公元 132 年发明的候风地动仪。这个地动仪是用青铜制造的，形如大酒缸，在东、南、西、北、东北、东南、西南、西北八个方向各镶着一个龙头，口里衔着铜丸；对着龙头，有八只张口昂头的铜铸蟾蜍。樽内有一根直立的柱子，柱子连着八根曲杠杆。如果发生地震，樽内柱子向着地震方向倾斜，从而使杠杆掀动龙头，张口吐丸，落到其下蟾蜍的口中，发出清脆的响声，从而测出某方向发生地震。这台地动仪可以测出千里以外的地震，公元138年，曾在洛阳测到了当地感觉不到的陇西地震。但是，客观地说，地动仪还只是一个验震计，而不是地震仪，因为它不能表示出一次地震震动的全过程，而只能指出地震造成的主冲力方向。

地震仪是一种用于测量地震波的仪器，其组成和设计随着技术的发展而不断进步。以下是地震仪的主要组成部分：

地震计（传感器部分）。这是地震仪的核心部件，负责将地面运动转换为电信号。地震计的设计包括一个倒立的、重心较高的长木椎，类似于一个不稳定的状态、类似于倒竖的啤酒瓶。这种设计是为了更好地捕捉地震波。

采集器。用于收集地震计产生的电信号，并将其转换为可记录和分析的数据。

智能检波器。在某些现代地震仪中，采用三分量地震检波器，它集成了数据采集板和电源，实现了数据采集与转换的一体化和控制智能化。

数据采集系统。包括高采样率和动态范围的数据采集板，用于捕捉地震信号。

控制系统。利用高性能微处理器对系统进行可编程控制，增强系统功能并提高操作便利性。除了这些基本组成部分外，一些地震仪还可能包括额外的功能或组件，如回放监视系统、数字自动增益控制、数模转换器和回放滤波器等，这些组件共同提高了地震仪的性能和可靠性。

地震仪由拾震器、放大器、记录器和计时器组成。拾震器通常包括摆、换能器和阻尼器。摆负责拾取地面的运动，它由惯性体（重锤）和悬挂系统组成。惯性体通过悬挂系统悬挂在摆的支架上，支架置于地面，当地面运动时，支架随地面一起运动；由于惯性体能保持原有位置不动，因而使惯性体与支架之间发生相对运动。上述相对运动可以通过机械杠杆放大或光杠杆放大，再直接进行笔绘记录或光记录。也可以把这种相对运动的机械能通过换能器变成电能，产生电动势，并通过适当的匹配后直接输入电统计进行光记录，或经电子放大后推动记录笔实现笔绘记录。阻尼器提供适当的阻尼，使拾震器的输出能正确反映出地动。

地震仪记录下来的震波曲线称地震谱或地震图。分析地震谱可以知道地震发生的时间、强度、震源所在的距离、方向和深度等。

震源远近不同，地震仪上记录下来的地震谱表现出不同的形式。不同性质的地震波在地震谱上的表现形象，叫震相。离震源较近的地震谱，因纵波和横波到达的时间差很小，地震谱上就不易分出纵波和横波的曲线。离震源越远，震波到达的时间越久，则纵波和横波到达的时差也越大。

（三）震中定位

虽然，确定震中位置的方法在细节上有所不同，但它们基本均依据一个简单的原则：由地震波的走时差（纵波和横波到达的时间差）来确定地震台至发震地点之间的距离。

地震工作者经过大量的观测和综合研究，制定了反映各种地震波的运行时间与震中距离关系的标准图表，即时－距曲线图和走时表。任何一次地震发生后，根据地震仪记录资料，结合这些标准图表，即可求出地震台至震中位置的距离。

一旦三个以上的地震台站都记录到某次地震，那么在地图上分别以三个台站为圆心，以相应的震中距为半径画圆，三个圆的交点就是震中的大致位置。其误差在一个小三角形的范围内。

实际上，自然界复杂的因素，比如地壳组成的不均一性，使得震中位置的准确定位较为困难。通常，这要求多个台站的记录资料，并用计算机处理和运算数据。

三、地震的震级和烈度

（一）震级

震级是衡量地震绝对强度的级别。以地震过程中释放出来的能量总和来衡量地震本身的大小，是比较合理的途径。但是，很大一部分能量，在地下深处震源地方，消耗于地层的错动和摩擦所产生的位能和热能。而人们所观测到的，只是以弹性波形式传到地表的地震波能量。一般就是根据这部分能量来推算地震的震级。

震级通常根据发明它的地球物理学家查尔斯里希特的名字命名为里氏震级。震级的计算是取距震中100km处由标准地震仪记录的地震波的最大振幅的对数值。由于里氏震级是对数性质的，这意味着4级地震将产生10倍于3级地震的地面运动，或者是100倍于2级地震的地面运动。地震震级的大小取决于地震释放的能量，释放的能量越大、震级就越高。里氏震级每增加一级，释放的能量约增加32倍。这意味着4级地震将产生32倍于3级地震的能量，或是近1000倍于2级地震的能量。

（二）烈度

烈度是表示地面和建筑物受到的影响和破坏程度。它和震级既有联系又有区别。一次地震尽管只有一个特定的震级，但是由于震源岩层错动方向、震源深度、震中距离、地震波的传播介质、表土性质、地下水埋藏深度，以及建筑物的动力特性、建筑材料、设计标准和施工质量等许多因素的综合影响，同一次地震在不同的地点可产生不同烈度的后果。一般来说，距震中越近、烈度越大。烈度相同点的连线称为等震线。由于烈度受到许多因素的影响，因而等震线并不是规则的同心圆。

四、地震灾害及预报

地震是一种破坏力很大的自然灾害，它对人类的危害很大，是可在数秒钟至数分钟间造成严重的生命和财产损失。

地震发生时，除了将直接引起地面颤动、地裂缝和断裂外，还会引起火灾、海啸与海岸洪水、水灾、滑坡、泥石流、山崩、砂层液化、地面沉降和地下水位变化等次生灾害。而由于地震所造成的社会秩序混乱、生产停滞、家庭破坏、生活困苦所造成的人们心理的损害，往往比地震直接损失还大。

（一）直接灾害

地震的直接灾害是由地震本身产生的破坏效应（如地面颤动、地裂缝和断层等）引起的。地震发生时，沿着断层产生的地面颤动和运动是一种显而易见的灾害。断层两侧岩石的断错将使穿越断层的通信线路、管道、建筑物、道路、桥梁、水坝等遭受破坏。这种破坏主要是由表面波造成的，对于建筑物来说即使是几十厘米的位移都可能是毁灭性的。

防止地震直接灾害最简单的策略就是设法避开断层带。然而，许多大城市已经在大断层的附近发展起来，如土耳其的伊斯坦布尔在历史上曾多次被地震所夷平，但又多次被重建。在这种情况下，国外有人设想使穿越断层的各种管线在建成时使其特别松弛，或是当断层产生滑动时使它们具有一定程度的"伸缩性"。这种设想也许在建设必须越过几个大断层的横穿美国阿拉斯加的管道时需要加以考虑。

值得指出的是，在考虑建筑物的抗震设计的同时，应注意将建筑物建在抗震强的地带。建立在坚固基岩之上的建筑物在地震中受到的破坏要小得多。

另外，对一个特定地区而言，地震的类型也必须加以考虑。例如主震常常造成最严重的破坏，而当余震很多并在强度上接近主震时，它们同样会造成严重的破坏，因为地震持续的时间同样影响到建筑物的抗震性。对钢筋混凝土而言，地面震动导致细小裂隙的形成，而后随着震动的继续，裂隙不断扩大。一座可以抗 1min 主震的建筑物可能在一次持续 3min 的主震中倒塌。作为全世界榜样的美国加利福尼亚州，许多建筑规范是按主震持续 25s 而设计的，但地震主震时可以大于这时间的 10 倍。

（二）次生灾害

1. 火灾

若城市中发生地震，有时地震引起的火灾比地面震动更具有毁灭性。地震时的大火是由于地震时电线短路、燃料管道和容器破损，触及火苗而引起的。与此同时，供水管线的破坏往往使得灭火无法有效地进行。如在 1906 年的圣弗朗西斯科地震中，20% 的经济损失是由火灾造成的，大火连续燃烧三昼夜，最后只有通过炸毁火区附近成排的建筑物使大火限制在 $10km^2$ 的范围内以减少损失。1976 年我国的唐山地震，在天津发生火灾 36 起，损失百万元以上。

2. 滑坡与崩塌

地震时产生的地面颤动将促使岩石土体的结构产生破坏，加大下滑力，使原来不具备滑坡和崩塌的坡地产生块体运动。防止滑坡和崩塌灾害的最好办法是避开这些地区。因此，对山地岩土特性及坡地稳定性的详细工程研究是十分重要的。

3. 砂土液化

在地面非常湿润或是地下水位高的地方，地面震动可以使湿润的土壤颗粒被震荡分离，并使水分渗入其中，极大地降低了维持土壤强度的颗粒之间的摩擦力，使得砂土松散并液化。这种现象在邻近海岸的填海陆地上尤为明显。当地面砂土产生液化时，建筑物可以整体倾覆或部分地沉陷于液化的砂土中。

对于易于产生砂土液化的某些地区，除了安置经改进的地下排水系统以使土壤保持较干的状态之外，最佳的选择还是避开这些地区。

4. 海啸和海岸洪水

在海岸地区，特别是大地震频繁发生的环太平洋沿岸，十分容易产生海啸。地震使海底地形变化，如海底陷落或隆起，促使海水突然被排挤出去或吸引，而产生海水快速地运动——海啸。在辽阔的海洋里，海啸只是一种波长很大的涌浪。然而，当它抵达陆地时，就发展成巨大的破波，产生破坏性很强的激浪。在一次大地震中，这种破波高度可以超过 15m，海啸的传播速度很快，常常达到 1000km／h，因此，常给海岸地带造成巨大的灾难。

（三）地震预报

地震会带来一系列严重的自然灾害，因此，地震预报就成为一个关系到国民经济建设和人们生命财产安全的重要问题，更是当前地球科学的重要探索课题。

1. 预报的内容和类型

地震预报包括三方面的内容，即地震发生的时间、地点和强度（震级）。这就是地震预报的三要素。

地震预报根据预报时间的长短和内容、方式的不同，可以分为下述四种类型：一是长期预报：主要根据地质背景和历史地震发生的分布规律，采取从已知到未知的推论，对十年、几十年甚至上百年的地震危险性及其影响做出预报。这对重大工程选址和基本建设项目的决策与设计具有指导意义；二是中期预报：根据地震地质背景，加上部分异常现象，圈出近1–3年内可能发生地震的地区，从而提出异常综合研究重点工作区和监测区；三是短期预报：主要根据地球物理场变化等微观地震前兆，对几天到几个月内可能发生的地震做出预报，以便加强对地震危险区的监测，以利政府部门进行思想、组织和物质上的准备；四是临震预报：在微观异常的基础上，根据地下水、动物等宏观异常在短期内的急剧变化进行综合分析，对震前24h内即将发生的地震进行预报，进入临震准备状态。

2. 地震预报的途径

地震区划，又称地震危险区划或地震烈度区划，即查明各地震带的分布和各地未来的最高烈度值，做出全国或地区的地震区划图。这种图件对中长期预报和部署国民经济计划及设计各种工程交通方案有很大意义。编制这种图件，需要收集有关地区的地质资料，包括地质构造、新构造和现代构造运动等方面的资料，研究其与地震的关系；搜集地震宏观和微观资料，研究地震发生规律和确定未来强震发生的地区和强度；搜集历史地震资料，编制地震目录，分析地震活动规律；根据地质构造、历史统计资料等研究地震发生后，烈度随着距离的增加而衰减的规律等，以便考虑地震波及地区的最大烈度等。

地震空隙区的研究在地震区划中占有重要的地位。活动断层控制着大多数地震的空间分布。从沿大断层的地震震中位置图中可以明显地看出，沿大断层存在着一些极少或没有发生地震活动的空间，而与此同时，小地震却沿着同一断层带的其他部分不断发生，这种与活动断层不相吻合的宁静的或休眠的部分，称为地震空隙区。这些区域代表其摩擦力正阻止断层产生滑动，因此，地应力得到逐渐的积累，令人担心的是当应力积累到足以使断层的"闭锁"部分最终产生滑动时，那么将产生一次大的地震。所以，地震空隙区代表着将来可能发生严重地震的场所。地震空隙区可以通过比较震中位置图和板块边界位置而加以确认，对地震空隙区的认识使得对大地震预测成为可能。

3. 地震前兆分析

地震的发生既受许多因素的影响，同时，它也影响着周围一些事物的变化。震前有不少自然现象发生异常变化，与地震的发生是有内在联系的，称为地震前兆的研究，这目前已经成为地震预报的主攻方向。它主要利用各种仪器设备去研究岩石中正在发生的各种物理变化，如测量与研究地电、地磁、地震波、地应力的变化及地壳的形变，因为这些物理性状的变化能够指示岩石受力破裂的状况和程度。此外，地下水位、水质和化学成分的变化及天气、动物的异常反应，地声、地光的产生，也往往是地震来临的预兆。

在对地震进行预报的努力中，其他未能得到充分证实的前兆观察同样也被人们所注意。例如井水化学特征和水位的变化、动物的异常反应等，并在帮助预报地震方面取得了某种成功。然而，由于并非所有的地震都表现出具有相同的前兆现象，因此，对任何利用地震前兆对地震进行正确预报的努力都是困难的。当前对地震前兆现象不完全的理解造成的结果是，利用地震前兆在对地震预报方面取得某些鼓舞人心的成功的同时，也存在着令人沮丧的失败。

第四节　火　山

一、火山现象

地下深处存在着高温的、熔融状态的岩浆，岩浆冲破上覆岩层喷出地表的作用称为火山作用或火山活动。火山活动是使人类能够直接感到在地下深处确实存在着岩浆。岩浆喷出地表，其喷出物堆积成山，称为火山。但是在非常特殊的情况下，岩浆体本身并没有直接喷出到地表上来，而仅仅上升到地表附近，使地表表现为某种异样地形，这也是火山的一种形式。

火山活动是一种极为壮观的自然现象，所以，它无疑是自古以来给人类留下最深刻的自然现象之一。随着近代科学技术的发展，人类对火山活动的观测日渐增多。

火山爆发时，一般情况是先有大量气体自裂隙中冒出，逐渐在上空形成烟柱。随着强烈的气体喷发，有大量的围岩碎块及熔岩物质从裂口喷上天空，整个火山区被夹杂着大量灰尘、碎石的烟云所笼罩。由于火山的喷发，大量水蒸气上升冷凝，空气发生剧烈对流，从而出现狂风暴雨，将喷出物向外吹散，降落在火山周围地区，形成火山灰层。最后从喷发口中溢出灼热的熔岩，向四周流动。熔岩相继流出之后，火山就逐渐宁静下来，直至地下的岩浆无力冲出地面，火山喷发才告停止。但火山喷发停止后，往往还会出现残余气体的喷发和温泉的活动，这些均属于火山活动的晚期现象。

世界上各地区火山活动的情景各不相同，差别很大。即使是同一火山，在不同的时期，它的活动形式、活动规模也不尽相同。

二、火山喷发物

在火山喷发作用过程中，巨量物质伴随着强大的能量在很短的时间内从地下释放出来。根据火山喷发物的性质和物理状态的不同，可以将火山喷发物划分为气体、液体和固体喷出物三种。

（一）气体喷发物

岩浆在向上运移过程中，受到的静压力逐渐降低，溶解于岩浆中的挥发性成分就以气体的形式逐渐分离出来。气体由于具有高度的活动性，故气体的喷出成为火山喷发的前导，而且贯穿火山喷发的全过程。岩浆中的挥发性物质，是决定岩浆物理化学性质的重要因素之一，而且对岩浆同外部物质所发生的各种作用。例如与所接触的岩石所发生的作用，均有很大的影响，特别是火山喷发一般都是由这种挥发性成分的力量所引起的。

要了解地下岩浆的化学成分，除了对火山岩进行化学分析外，没有其他更好的办法。但这一方法只能求得常温下固体的成分，像 H_2O 和 Cl_2 这样在低温下也容易挥发的成分，在火山岩分析结果中仅占 1% 左右，然而，从火山喷发时释放出大量的气体这一事实，不难推测岩浆中含有大量的挥发性成分。

气体逸出状况的变化预示着火山活动的进程。如果气体逸出量越来越多，气体中的硫质成分越来越浓，气体的温度越来越高，将是火山即将大规模喷发的预兆；如果气体逸出量逐渐减少，气体中 CO_2 成分逐渐增多而硫质成分逐渐减少，且气体温度逐渐降低，意味着火山活动在减弱。大规模火山喷发结束以后，在相当长的时间内还可能有少量温度较低的气体徐徐逸出。

（二）液体喷发物（熔岩）

喷出地面而丧失了气体的岩浆称熔岩。熔岩是火山喷发物的主体，同时也最能反映地下岩浆原来的形态。所以，熔岩的温度和黏性是推断地下岩浆物理性质最有力的资料。迄今为止，人们对各地火山喷发时流出的熔岩进行了大量的温度和黏性的观测。基性熔岩从地球内部喷出时，具有高温和低黏度，玄武岩质熔岩流出时的温度大约为 1100℃ ~ 1200℃；而酸性熔岩从地球内部喷出时，则黏性高且具有较低的温度，如安山岩质和英安岩质熔岩流出时的温度约为 900℃ ~ 1000℃。在对熔岩的温度进行观测时，还发现熔岩表层的温度非常高，而越往熔岩内部温度越低。前者被认为是由于熔岩中所含的气体在放出时燃烧所致，而后一种情况则是所测定的温度低于熔岩流出地表瞬间的温度之故。

岩浆流出地表后，由于压力减小和温度降低，绝大部分熔融气体将逸散在空中。因此，在固结的熔岩上可以产生许多表示气体跑掉痕迹的气孔。气孔一般在熔岩层的表面最多，有时在下部也有一些，而内部却很少。厚的熔岩层内部常见由全无气孔的致密块状岩石组成。根据这种构造，即使在几层同一岩层的熔岩层更迭情况下，亦可分辨出各熔岩的界面。

熔岩流出地表，其表面和底部首先固结。由于固结后的岩石其导热性极小，所以，熔岩内部可以长时间保持高温，因而具有流动性。这种流动熔岩如果冲破已固结的皮壳而流出，即可形成二次熔岩流，另外，也可以在熔岩内部形成空洞状的"熔岩隧道"。

熔岩的流动速度取决于它的黏度、温度及地面的坡度，一般为每小时几千米，山地坡度大流动速度可以极快，达到 90km / h。通常基性熔岩因黏性小、温度高，故流速大；酸性熔岩因黏性大、温度低，故流速小。如果熔岩成分相同，则其流速取决于地面坡度。熔岩在流动过程中，温度逐渐降低，黏性加大，流速越来越小，最后凝固成为火山岩。在熔岩的冷凝过程中，在内部熔岩流动的推挤力及因外壳冷凝的收缩力作用下，熔岩表面常常发生变形而具有不同的形态。黏性小、流动性大的基性熔岩的表面常呈波状起伏或被扭曲的绳索状，称为波状熔岩或绳状熔岩。除了这种表面光滑而具光泽的绳状熔岩外，还有粗糙的、表面上像由带刺的焦炭状的碎片组成的渣块熔岩。中酸性的熔岩由于温度低、黏性大、流动小，所以，在熔岩流动过程中，其表层很快就固结而形成皮壳，皮壳破裂之后就形成了累积重叠的块状熔岩。基性熔岩若从海岸地带流入海中，或者由海底直接喷发出来，在海水中冷却则会形成特殊的枕状熔岩。它由稍不规则的椭圆体或多球体聚集而成，在每个椭圆体上发育有从中心向外放射的裂隙，看上去就像枕头似的。这种结构被认为是因流动性强的熔岩遇水而骤冷，而且是半固结的岩石经回转而形成的。

黏性较小的岩浆喷出地表后在接近喷出的地点常形成波状或绳状熔岩，在远离喷出的地点因熔岩温度降低，黏性增大可过渡为块状熔岩。熔岩在逐渐散热而冷凝固结的过程中，其表面常形成无数冷凝收缩中心，如果岩石结构均匀，这些收缩中心均匀而等距离地排列，在垂直于联结收缩中心的直线方向因受张力作用形成裂缝，裂缝横切面为六边形。随着熔岩进一步冷凝，六边形的裂缝最终会将整个熔岩层切割成六方柱体，称为柱状节理。在柱状节理发育不理想时，柱状节理的横切面可以是四边形、五边形、七边形、八边形等。

（三）固体喷发物

地下的岩浆在向地表运移的过程中，即逐渐分离、释放并蓄积气体。由于气体的膨胀力及其导致的冲击力与喷射力的作用，在地下已经冷凝或半冷凝的部分物质被炸碎并抛射出来；未冷凝的岩浆则成为团块、细滴或微沫被击派出来，在空中冷凝成固体；此外，周围岩石也可以被炸碎并抛出来。这三类固体就构成了火山爆发的固体产物，统称为火山碎屑物。从火山碎屑物质的外形、岩质和内部构造等，可以推断火山碎屑物抛出时的状态和起源，从而判定火山活动的性质和形成火山基岩的岩石种类。

火山碎屑物根据其特征可以划分为无一定的形态和构造、具有一定的形态和具有一定的内部构造三类（表7-6）。

表 7-6　火山碎屑物的分类

抛出时的状态	固体或半固体	流动体	
形态构造	没有一定形态和内部构造	有一定形态	有一定内部结构（多孔质）
直径＞32mm	火山岩块	火山弹	浮石
32mm＞直径＞4mm	火山砾	熔岩饼	火山渣
直径＜4mm	火山灰	火山毛 火山滴	/

1. 火山灰

火山爆发时崩碎的细小碎屑，直径＜4mm。火山灰很轻，可以随气流升到高空，甚至可以进入平流层长期在高空飘荡。根据显微镜下观察，火山灰颗粒是以火山玻璃微小碎片（带棱角的碎片）的形式出现。流动大的基性熔岩被抛出时，如果被拉长，即可形成纤维状的火山毛，伴随着火山毛有时还产生雨滴状和弯钩状的火山滴。

2. 火山砾

形态不规则，常具棱角状。粒径＞32mm者称为火山岩块，粒径介于4～32mm者称为火山烁。

3. 火山弹

粒径＞32mm，从核桃般大小直到几吨重，它是由熔岩以高速喷向空中发生旋转冷凝而形成的。基性熔岩流动性大，常形成纺锤、梨及扭曲等形状的火山弹；而黏性较大的中酸性熔岩常形成表面多裂隙、内部多孔质的面包皮状火山弹；被抛射出来的熔岩若在未冷凝之前即与地面相撞则会形成扁平状的熔岩饼。

4. 浮石与火山渣

粒径数百米至数十厘米，外形不规则，多孔洞而似炉渣。它们是熔岩被抛到空中时，由于压力急剧减小，致使熔岩中气体大量逸出，因而形成大量的气孔。浮石是由中酸性熔岩凝固而成的，因而色浅、质轻，能浮于水中；火山渣则是由基性熔岩冷凝而成的，所以常呈黑、褐、红等暗色。

火山碎屑的喷出量往往很大，堆积下来，经过压缩胶结，就成为火山碎屑岩，其中，主要由火山灰组成者称为凝灰岩；主要由火山砾及火山渣组成者称为火山角砾岩；主要由火山岩块组成者称为火山集块岩。

三、火山的形态

（一）火山构造

火山通常由火山锥、火山口和火山通道三部分组成。

火山锥：火山喷出物大部分在火山口附近堆积下来，并常呈圆锥状，称为火山锥。火山锥的坡度不等，最大达35°～45°。

一个火山锥形成之后，由于不断发生火山活动，往往在原来的火山口上还会出现更小的火山锥，称中央火山锥；或者在火山锥的山坡上出现许多更小的火山锥，称寄生火山锥。

例如意大利西西里岛上的埃特纳火山（海拔 3700m），共有 300 多个寄生火山锥，这种火山锥称为复火山锥。日本的富士山则有 60 个寄生火山锥。

火山口是火山锥顶上的凹陷部分。它位于火山通道的上部，平面近圆形。最简单的火山口是一个倒立锥体，有些底部是平的。火山口的直径由数米至数千米，但在火山刚爆发时，火山口底部的直径很少有超过 300m 的。

火山口是火山通道顶部爆破而成。碎屑物被抛至空中后，再落在火山通道附近几十米至数百米以内，堆起一道环状围墙。如果有岩浆在通道中上升，便可以熔化它上面的物质，熔岩冷却后，能保持这个凹陷的原形。有些坑状火山口底部为固结的熔岩，称为熔岩坑，坑口常能积水成湖，成火口湖，或称天池。

火山通道是火山口以下通向地下的供给岩浆的中央通道。如果经侵蚀把上层熔岩与火山碎屑岩剥去以后，火山通道的形状及其填充物就可以看到。这些被填充了的火山通道称为火山颈或火山塞。

火山通道常位于两条断层相交的部位。有时当岩浆沿断裂上升接近地面时，气体开始迅速地自熔岩中喷出，以致发生爆炸，所以，在断裂的局部地段由于熔融、气熔和爆炸而变宽，形成火山通道。

（二）盾状火山

当大量的流动性较强的玄武岩质熔岩从地下相对宁静地流出来时，它们可以非常自由地流动到远处，并最终形成倾斜极缓的山体，这种低矮的盾状体称为盾状火山，其山坡倾角在 3°～10° 之间。盾状火山基本上均由熔岩组成，尽管每一层熔岩流的厚度只有几米甚至更少，但熔岩流的多次喷出可以最终形成大规模的盾状火山。

盾状火山可以划分为夏威夷型和冰岛型两种。夏威夷型盾形火山的特点是，从火山中央向三个或四个方向产生放射状裂缝，山体就是由这些裂缝中流出的大量熔岩形成的。火山具有宽广而壁陡的中央凹陷，宽度在 3km 以上，深约 100m。中央凹陷是随着玄武岩浆从下面排出而造成的塌陷产生的。夏威夷群岛是世界上最大的盾状火山群，每一个岛屿均由一个或几个盾状火山组成。仍在活动的夏威夷岛的最高峰冒纳罗亚火山，其高度在海平面以上 3500m。若是完全从它的海底基部向上量算的话，其高度约为 10000m，而基部的直径宽达 100km。由于它具有如此宽广平坦的形态，从海面上看过去它未必像火山，但若从空中往下看，其火山的特征是明显的。

冰岛型盾状火山是由从火山口中心流出的熔岩所形成，其规模比夏威夷型的小得多，从基底向上高度很少超过 1000m，大多数只不过 100m 左右。此类型的火山多见于冰岛和日本等地。

（三）火山穹丘

黏性较大的、不易于流动的流纹质或安山质熔岩喷出地表后，不太向四周扩散，而趋向于在火山口的附近堆积起来，最终形成较紧凑具陡峭边缘的火山穹丘。

从总体上看，圣海伦斯火山是一座复合火山，它是以这种黏滞性的熔岩为特征的。由于1980年的喷发而在火山口形成一座火山穹丘。阿拉斯加的卡特迈火山附近的新拉普塔亦是火山穹丘。火山穹丘可以形成较高的山峰，但它与盾状火山相比则在面积分布上相对较小。

（四）火山渣锥

火山喷发时，上升的岩浆中聚集起来的气体压力将岩浆和岩石碎块从火山中喷发抛出，这一过程使气体压力突然快速地释放。喷发抛出的岩浆碎屑，在降落到地表之前，熔岩可以固结为各种大小的火山碎屑。当火山碎屑物质降落到火山口附近时，它们可堆积成一个非常对称的锥形体，被称为火山渣锥。

火山渣锥完全由各种火山碎屑构成，通常只有100～300m高，其底部直径常小于1km。火山渣锥有比较大的中央凹陷或火山口，但渣状玄武岩却是从较小的火山通道喷出的。火山渣锥往往成群产出，有时多达几十个。

（五）复合火山

世界上的许多火山在不同的时期内喷出的物质是不同的。它们可以喷出一些火山碎屑，然后是一些熔岩，再接下来又是火山碎屑，这样熔岩和火山碎屑不断交替喷出，并且相互成层地堆积形成圆锥形的火山，这种火山称为复合火山或成层火山。

复合火山的熔岩通常是中酸性的，并且有较强的黏性，这意味着它们不容易流动而能在火山口附近就地凝结。火山碎屑则是从中央火山口喷出，像雨点般降落在火山锥四周的斜坡上，堆积成坡度为20°～30°的山体，结果形成了熔岩与火山碎屑互层的内部构造。一个复合火山锥可能发展到几千米高并且有一个直径为几千米的基底。典型的复合火山在近山顶处变得陡峻，这便赋予了日本的富士山、菲律宾的马荣火山、阿留申群岛的席朔尔丁火山等大型火山锥具有了欣赏价值的美丽风光。许多巨大复合火山的山顶部分位于雪线之上，山顶的常年积雪使它们更显妖娆。

复合火山的特征之一是它们高度爆炸性的间歇性喷发。美国西部喀斯喀特山脉大多数具有潜在危险的火山都属于这种类型，圣海伦斯火山亦属此类型。

四、火山灾害

火山喷发是一种可怕的自然灾害。火山灾害与其他自然灾害相比不是那么频繁地发生，而且发生的地点在地球上是有一定局限的，但其波及的范围却很大。火山喷发的形式多种多样，喷出物的形态也各不相同。因此，火山喷发引起的灾害种类和形式也很复杂。

（一）熔岩流

熔岩的温度通常超过 500℃，甚至可以高达 1400℃，所以，像森林、房屋等易燃物质很容易在这种温度下被燃烧，而其他的财物则可以被熔岩所吞没，而后固结成火山岩。但熔岩在一般情况下是不会对人类的生命构成威胁的，因为大多数熔岩流动的速度仅为每小时几千米或更小，人们即使是步行也很容易避开前进的熔岩。

熔岩流就像所有的液体一样是从高处向低处流动的，因此，保护财产不受破坏就是避免在邻近火山坡地的附近进行建设。然而，由于火山岩风化所形成的土壤十分肥沃，或者人们希望原来形成的火山不再喷发等种种原因，人类有意或无意地在火山或邻近火山的地方进行各种活动。如罗马人正是基于上述的原因选择在维苏威和其他火山的山坡上进行耕作。而在夏威夷群岛和冰岛，有时火山是唯一可以利用的土地。

冰岛横跨大西洋中脊，同时又位于热点之上，它是一个火山活动强烈而频繁的地区。冰岛的形成完全是由于火山活动造成的，1783 年冰岛的一次火山喷发形成了覆盖面积达 560km² 的近代覆盖面积最大的熔岩流。冰岛西南部岸外有几个火山成因的小岛。海马埃岛即其中之一，对冰岛经济具有重要性，它具有优良的港口，它提供了冰岛主要出口产品——鱼类加工产品的 20%。1973 年，在经历了几个月的火山喷发后，该岛被裂谷所分割，所幸的是岛上的大部分居民在这些事件之前的几个小时内得以撤离，只留下 500 名身强力壮的劳动力与熔岩流做斗争。以后几个月里，房屋、商店和农场被落下的灼热火山碎屑物质所燃烧或埋藏于火山碎屑物质和熔岩流之下。人们奋力铲除建筑物顶上灼热火山碎屑物质的沉重负荷，而使许多建筑物得以保存下来。当港口受到熔岩流的威胁时，当地政府采取了特殊的防灾措施。由于熔岩流变冷而更加黏稠，流动更为缓慢，当固结的熔岩聚集于熔岩流的前缘时，就会逐渐形成一个天然堤坝以阻挡或减缓熔岩流的前进，直至最后全部固结成岩。利用这些特点，当地人民用港口中船只上的抽水机，将大量海水汲引到熔岩流的前缘，以加速熔岩的冷凝，阻滞熔岩流向前流动。在工作的高峰时期，用了 47 台抽水机，总共抽取了 500 余万吨冷的海水喷射于熔岩流上。这使得港口的大部分及沿港口分布的渔业得以保存下来。

当人们无法阻止熔岩的流动时，就设法让熔岩流转向损失最小的区域流动。有时，由于火山产物的减少或熔岩流遇到天然或人工障碍，在火山喷发期间熔岩流的运动可以被暂时地减缓或阻滞。存在于熔岩流固体外壳之下的熔岩可以在几天、几周，有时甚至几个月的时间内保持熔融状态。如果用炸药在硬壳中炸出一个洞的话，其内部流动的熔岩可以流出来。小心地安放炸药可以将熔岩流引向人们所选定的方向。

1983 年初，意大利埃特纳火山开始了一系列间歇性喷发中的一次喷发。通过在老火山岩组成的天然坝上炸开一个洞，将最新流出的熔岩引向一个宽浅而无人居住的地区。这将使熔岩流从人口密集区引开，使熔岩流流到旷野区，让熔岩流迅速冷却和减速。可惜这只在短时间内有效，4 天后，熔岩流又遗弃了人们为其选择的通道而回到原先的流路上去，新的熔岩流对人口密集仍具危险。

熔岩流也许是灾难性的，但在某种意义上它们至少是可预测的：像其他流体一样，向坡下移动。它们可能的流路可以被预知，而当它们进入相对平坦的地区时，它们将很快停滞下来。与此相比，火山的其他灾害影响的范围要大得多，对付起来也更加棘手。

（二）火山碎屑

火山喷发形成的灼热的、大小不一的火山碎屑通常比熔岩流更加危险。火山碎屑的喷发可能更加突然或具有爆炸性，并且扩散的速度更快、范围更大。火山爆发所形成的火山砾、火山弹、火山岩块等均是危害，但它们所影响的范围较小，通常局限于火山口附近。

细小的火山灰仅仅其绝对数量本身就使其成为一个严重的问题，并且其影响的范围很大。如 1980 年 5 月 18 日美国的圣海伦斯火山喷发并不是历史上最强烈的，但这次喷发所产生的火山灰使得 150km 之外正午的天空变黑，而且所形成的火山灰雨几乎在全美国都能观测到。即使在只有几毫米火山灰降落的地区，当驾车者在很滑的路面上刹车而引擎却由于降落的尘埃而熄灭时，交通陷于混乱。住宅、农田、森林、汽车和其他财物埋没于灼热的火山灰之下。

对火山碎屑物造成的灾害，目前还没有有效的防治措施，唯有及时预报火山喷发，撤离物资和居民。

（三）火山泥流

火山泥流是指位于地势陡峭处的厚层疏松火山灰或火山碎屑物，在其饱含水分后沿山坡向下流动的现象。造成火山泥流的水可以是降水、火山口湖湖水或被火山热消融的冰雪融水等。火山泥流由细粒的火山灰和少量粗大的火山岩块组成，目前已知火山泥流最大流动速度可达 90 ～ 100km ／ h，从源区向下游的滑动距离可以超过 300km。

对像圣海伦斯山那样具有冰雪覆盖的火山而言，火山碎屑物质所形成的火山泥流是一种特殊的灾害。下落的火山灰的热量融化了冰雪，形成了由火山灰和融水混合所组成的泥流。火山泥流可能趋于随溪流的通道流动，以泥浆堵塞溪流并产生洪水。以这种方式形成的洪水是圣海伦斯火山附近一种主要的灾害。

（四）炽热火山云

炽热火山云（Nuees Ardentes）是比空气密度大的火山炽热气体和细粒火山灰混合所

组成的,是一种特殊的火山碎屑喷发物。其名称来自法语(née ardente),意为"发热的云"。炽热火山云的内部温度可以超过1000℃,而且它可以以大于100km/h的速度冲下山坡,灼烧其前进道路上的一切东西。

虽然炽热火山云可能突然地产生,但它并非是火山在其喷发期间所表现出来的最早的活动。在圣皮埃尔被毁灭的前几周就有水流从培雷火山中流出,而熔岩也在一周之前不断地溢出。因此,避免炽热火山云威胁的策略之一是:当一座已知或据信将产生这类喷发的火山表现出活动的迹象时,请尽快撤离。

(五)有毒气体

火山喷出的气体中的大部分,如水蒸气和二氧化碳只有在浓度较高时才是危险的,而其他的气体如一氧化碳、各种的硫气和氢氯酸则是有毒的。许多人甚至在尚未意识到危险之前就已经被火山气体毒死。对有毒气体的最佳防卫措施就是尽快离开正在喷发的火山。

(六)蒸气爆炸

某些火山之所以造成大量的人员伤亡并不是火山任何固有的特征所导致的,而是因为火山分布的位置。就一个火山岛而言,大量的海水可以下渗到岩石中去,与下伏炽热的岩浆相接近,形成大量的水蒸气,并像一座过热的蒸汽锅炉一样炸破火山,这称为蒸气爆炸或喷发。

(七)气候

火山的一次喷发就足以对气候产生全球性的影响,尽管这种后果可能仅仅是短暂的。猛烈的爆炸式喷发可以将大量的火山灰带入大气层中,火山灰将阻挡入射的阳光,使气温降低。

火山活动对我国气候影响也十分显著。由于喷发到平流层的火山灰尘幕在此长期滞留,使得我国东部长江以北地区夏季短波辐射加热显著减少。由于火山活动明显的气候效应,使得强火山爆发事件成为预测洞庭湖地区重大洪涝事件发生的先兆指标。

(八)地貌变化

火山活动可改变地球的形态或一个区域的地形,引起地表环境变化,有时也构成区域性的灾害,如火山造成地形变化、河流改道、经常性的河水泛滥或区域性干旱。

火山活动可能是控制地球形状与决定地表海、陆分布格局的重要因素之一。有一种全球构造理论认为:早期地球在星云收缩过程中,由于陨石撞击、放射性同位素蜕变与重力收缩等原因产生巨大的能量,使地球内部温度不断增高,含水系统中的硅铝物质首先被熔化。因受到当时地球南方宇宙空间里存在着的天体的强大引力作用，而向早期地球的北极地区移动，并不断集聚，最终冲破原始地表从北极地区大规模涌出，成为现今世界大陆最初的物质基础，随后南移，并逐渐形成现在的海陆分布格局。因此，今日的北冰洋是当时地球这一座"超级火山"的"火山口"，是地表陆地的源头。正由于这种构造活动控制，使地球表现为北极凹陷为洋，而南极凸起为陆的形状。同时，北极地区是一个近乎圆形的广阔海洋——北冰洋（真正的"地中海"），南极地区则为接近圆形的巨大陆地——南极洲（真正的"洋中陆"），它们分别为地表陆地由北向南运动的起点和终点，地表其他陆地（除南极洲外）则围绕着北极呈放射状向南展布。根据这一理论，火山活动可能是控制地表海陆分布格局的重要因素。

从地表最基本的大地貌而言，火山活动改变了地表海陆分布格局。海底扩张、大陆漂移、板块构造等都与火山活动密切相关。红海由于现代海底火山活动，目前仍处在不断扩张的过程中。

小范围而言，火山活动形成新的岛屿，迅速造陆，并由于板块移动，在夏威夷形成著名的火山岛链地貌景观；在海岸带动力作用下，形成海蚀柱、海穹，造成岬湾曲折的海岸线与火山沙砾质海滩等火山海岸地貌组合；由于熔岩流的作用与凝结，形成崎岖不平的熔岩流原野、台地与陡崖等地貌组合。火山活动一方面有抬升作用，抬升海岸为阶地，抬高海滩、沙坝为丘陇，抬升河口形成深切河口湾，并使河流断流与改道，不仅改变了局部海岸动力过程，而且造成地形正负倒置；另一方面也有回弹性的沉降作用，从而使火山喷发口周边范围内的原始地形发生变化。海南岛火山海岸剖面中海岸沉积层厚达16m，反映出该段海岸曾经历过沉降，而后紧邻喷发口又被抬升为海岸阶地。因此，火山作用改变了区域地形，引起区域环境的变化。

此外，火山喷发还造成滑坡、地震、洪水、火灾等灾害，火山喷发期间所造成的疾病和饥荒也增加了火山灾害的严重性。

第五节　地表水

水是塑造地表最重要的因素，山脉、巨大的山系可以由板块构造和火山活动而形成，但其形态基本上是由水塑造的。流水切割谷地，搬运泥沙堆积成平原，河流将地表大量沉积物从一个地方搬运到另一个地方，在地表举目所见，地表特征无不与河流或流水作用有关。

洪水是最普遍广泛的自然灾害，也是一种地质灾害。洪水、洪灾通常是可以预测的，是河流自然作用的正常结果，只是洪水的自然过程受到人为因素的干扰，才演化为洪灾。有些是突发事件，如水坝倒塌等。所以，洪水灾害是与流水作用、河流的特性及演化相关的。

一、水循环

海洋、河流、湖泊、地下水、冰川和大气水共同构成地球水圈。另外，还有矿物中含有的化合水、结晶水及深层岩石中包含的封闭水分。水圈中的大部分水来自地球早期高温时期，地球内部的去气过程。目前，除了火山从地幔中带来新的水，为水圈增加少量的水之外，水圈中的水量基本保持不变。

地球上的水并不是处于静止状态的。海洋、大气和陆地的水，随时随地都通过相变和运动，进行着连续的大规模交换。水循环就是指地球上各种形态的水，在太阳辐射、地心引力等作用下，通过蒸发、水汽输送、凝结降水、下渗及径流等环节，不断地发生相态转换和周而复始运动的过程。

从全球整体上看，这个循环过程可以设想从海洋的蒸发开始，蒸发的水汽升入空中，并被气流输送到各地，大部分留在海洋上空，少部分深入内陆，在适当条件下，这些水汽凝结降水。其中，海面上的降水直接回归海洋，降落到陆地表面的雨雪，除重新蒸发升入空中外，一部分成为地面径流补给江河、湖泊，另一部分渗入岩土层中，转化为土壤水流与地下径流。地面径流、壤中流与地下径流，最后亦流入海洋，构成全球性统一的、连续有序的水循环系统。水循环的整个过程可分解为水汽蒸发、水汽输送、凝结降水、水分入渗，以及地表和地下径流5个基本环节。这五个环节相互联系、相互影响，又交错并存、相对独立，并在不同的环境条件下，呈现不同的组合。同时，在全球各地形成一系列不同规模的地区水循环。

二、河流及其特征

河流是沿着河道流动的水体，它通过局部的低地流向坡下，将地表水汇集带走。一条河流获得水流的区域称流域。河流的大小与该河流的流域面积有关，而河流的某一点是同该点所包含的流域面积有关，因流域面积决定了汇入该河的水量，这些水量来源于该流域的降水量（雨雪）。同样，河流水量也同该流域的自然地理条件（土壤、植被、地形、气候等）有关。河流的大小用径流量表示，即某一时段内流经某地点的水量。径流量是河道断面（面积）乘以水流流速，其单位是每秒立方米（m^3/s）。河流对地表具有侵蚀作用，搬运沉积物的作用，并将其在适当地方堆积下来，构成各种堆积体——河漫滩、冲积扇、冲积平原。

（一）河流对沉积物的搬运

水是搬运物质强有力的因素，河流搬运物质的方式有推移、悬移、溶解质搬运等几种方式。

推移：河床底部泥沙和砾石，在水流作用下以滑动或滚动方式向前移动，称推移。被推移的沉积物称推移质。流水推移沙、砾的作用力，随流速的增加而增加。根据水力学的艾利定律，水流推移单个沙、砾物质的重量与流速的 6 次方成正比。当流速增加 1 倍时，推移物质的颗粒重量将增加 64 倍。所以，山区河流在山洪暴发时，可以推动巨大的石块向下移动。在大多数河流中，推移质一般只占全部碎屑物质的 7% ~ 10%。

跃移：水流中的沙、微砾以跳跃方式向前移动，称跃移。处于跃移状态下的物质称跃移质。泥沙、微砾受到流水迎面压力和上举力的同时作用，当上举力大于其重力时，则跳离河床向前跃移。泥沙颗粒离开底床后，颗粒上下部的流速相差很小，压力差减小，同时泥沙颗粒比水重，它又会逐渐回落到床面上，并对床面上的泥沙有一定的冲击作用，作用的大小取决于颗粒的跳跃高度和水流流速。如果沙粒跳跃较低，由于水流临底处流速较小，泥沙自水流中取得的动量也较小，在落回床面后就不会再继续跳动。如果沙粒跳跃较高，自水流中获得的动量较大，则落回床面后还可以重新跃起，向前跳动。

悬移：细小的泥沙颗粒在流水中以悬浮状态向前移动，称悬移。处于悬移状态下的物质称为悬移质。悬浮的泥沙受三种力的作用，一是纵向水流作用使泥沙前进；二是上升水流的作用使泥沙抬升；三是泥沙受本身重力作用而下沉。当河流中泥沙上升流速大于颗粒的沉速时，泥沙被带到距底床一定高度位置而转入悬浮状态，并由水流携带向下游搬运。悬移质的多寡与流速、流量及流域的组成物质有关。

当水流条件改变时，推移与悬移是可以相互转换的。一定条件下为推移，当水流能量增大时可能转化为悬移。

溶解质搬运：溶解于水中的溶解质，在河流中呈均匀的溶液状态被搬运带走，称为溶解质搬运。这种搬运方式在自然界的河流中普遍存在，但大多数河流携带的溶解质不到其总输沙量 1%，据估计，全世界外流河每年搬运入海的溶解物质有几亿吨之多。在可溶性岩石分布区，溶解质的数量是相当可观的。

在一定的水流条件下，能够挟带泥沙的数量，称为挟沙力。河流的某一地段，在一定时间内是以侵蚀为主，还是以堆积为主，就取决于水流的挟沙力。如果上游来水的含沙量小于该水流的挟沙力，水流就有可能从本河段获取更多的泥沙，造成床面的冲刷；反之，将产生堆积。如果来水的含沙量等于这一河段水流的挟沙力，那未来沙量可以全部通过，河床不冲不淤。

水流挟沙力应该包括推移质和悬移质的全部沙量。由于推移比悬移复杂得多，当前的测验工作仅限于悬移质方面，并且在天然河流中，悬移质一般成了全部运动泥沙的主体，因此，对于平原冲积性河流来说，常以悬移质输沙率代替水流的全部挟沙力。

（二）坡面径流

当雨水降落地面或地表融冰化雪时，部分水开始渗入地下，地表以下土壤的孔隙逐渐被水充填，达到饱和，另一部分水在重力作用下沿倾斜的地面向下流动，形成坡面径流。坡面径流的形成，除蒸发量外，主要取决于降水强度、土壤渗透率和地形因素。坡面径流在其形成初期，水层薄、流速小，流向受地面粗糙度的影响，往往不按最大坡度的方向流动，而多呈漫流状态。随着水层的增厚、冲刷能力的加强，薄层片状水开始分离，形成无数细小股流。它们沿途时分时合，没有固定的流路，但它们之间仍有一薄层水相连。若水流进一步集中，则面状水流就向线状水流转化。因此，坡面径流是地表水流形成的初期阶段，它具有水层薄、流路广、作用时间和流程短等特点。

坡面侵蚀是坡地组成物质比较均匀地被片状水流冲走，从而导致地面均匀降低的现象。由于坡面侵蚀只出现在降雨或融雪时期，故雨滴冲击和坡面径流侵蚀是坡面侵蚀的两种主要作用。

降雨时，雨滴降落的最高速度可达 7～9m／s，对地面可以产生巨大的冲击力，特别是暴雨的雨滴大，向下的速度也大，对地表产生明显的溅击作用。雨滴对地表的打击，不仅可以直接造成表土流失，而且可以加强地表薄层水流的紊动性，加强水流的侵蚀力。

坡面侵蚀由于作用范围广、侵蚀量大，尤其在由松散细粒沉积物组成的裸露斜坡上更为显著（如黄土壤地），常造成严重的水土流失，使河流中泥沙量增加，坡地的土质日益退化贫瘠，生态环境变化，造成危害。

（三）河流流速与侵蚀基面

河流流速一部分与径流量有关，而一部分与河流流经地面的坡度（倾角）有关。河道的坡度亦称比降。条件相同的情况下，比降越大河道越陡，河道中的水流流速就越快。一条河流的流速和比降，通常随着河流的延伸而不同，特别是当这条河流是一条大河时。越接近河源比降通常越大，而且向下流趋于减小，流速可能相应地下降。比降降低的效应可以受到其他因素的抵消，包括由于另外的支流汇入河流使水量增加，以及河道宽度和深度的变化。

河流到达终点或河口时，这里通常是它流入另一个水体的地方，比降常常很小。在河口附近，河流在不断接近它的侵蚀基面，它是河流可以下切的最低高程。对于大多数河流来说，侵蚀基面是河流所流入的水体的表面。例如注入海洋的河流，其侵蚀基面就是海面。河流越接近这基面，河流的比降越小，结果它的流动可能更加缓慢，当然比降减小使流速变慢的效果，亦可能被径流量的增加而有所抵消。重力的向下引力使河流产生朝着基准面的侵蚀，从汇水盆地中进入河流的新的泥沙，可以抵消这种侵蚀。随着时间的推移，天然河流在泥沙的侵蚀和沉积之间趋于一种平衡或均衡。这时一条河流从河源至河口的纵剖面呈现一种独特的凹形，称河流平衡剖面，代表河流已发育成熟。

（四）流速和沉积物分选

河流流速顺其流程的变化，亦反映在河流沿程的沉积物上。河流流速越大，沉积物颗粒的粒径越大、分选程度越差。启动能力表示，特定河流状态下（流速和水流动力）可以搬运的最大颗粒。在河床上任意一点，不运动的沉积物均是太大或太重，而使得它在该点上无法被河流动力（流速、流量）所带动，在河流流动最快的地方，它可以搬运砾石甚至巨砾。当河流流速下降时，它先开始沉降最大、最重的颗粒——巨砾和砾石——并继续搬运较轻、较细的物质。假如河流流速进一步降低，较小的颗粒将不断沉降下来：紧接砾石之后是沙级颗粒的沉降，然后是黏土级颗粒。在流速非常缓慢时，只有最细的沉积物及溶解物质仍可以被搬运。如果河流流入像湖泊或海洋这样静止的水体，河流的流速将降至零，而所有仍然保持悬浮的沉积物也开始沉降。

河流流速和被搬运的沉积物粒径之间的关系，说明了河流沉积物的特征：河流沉积按流速进行分选，在一定的河段，沉积物具有相似的粒径与重量。如果河流到达河口时仍然携带大量的物质，而且接着流入静止的水体，可形成扇形堆积体、冲积扇、三角洲等。

控制河流沉积物粒径大小的另一因素是机械破碎及溶解，河流流程越长，沉积物受机械破碎及溶解的时间也越长、使物质趋向越细小。所以，不论河流流速是否沿程发生变化，河流搬运的沉积物都趋于向下游逐渐变为细小。

三、洪水与洪水灾害

（一）洪水

河道的断面常与径流量有关，即河道的体积能满足每年平均最大径流量。一年的大部分时间，河流的水面大大低于河岸的水平面，而在径流量很大时，河流水面可高出河岸，向两岸溢出，即发生洪水。所以，洪水是大量降水在短时间内汇入河道，形成的特大径流。这种特大径流往往超出河道正常泄流能力，而漫溢到河道两岸临近区域，从而泛滥成灾。洪水泛滥常在较短时间内发生。如 2 至 3 年发生一次，严重的洪水也许 10 至 20 年发生一次。

洪水主要与降水有关。当降水或融雪时，一部分水渗入地下，一部分直接蒸发进入大气层，余下的形成地表径流进入河流、湖泊、海洋，当地表径流汇入河流的水量超过河流的排泄能力时，水流就溢出河岸，泛滥成灾。

洪水时期，河流水面比平时高，水体的重力使大量的水流向下游，其流速和径流量亦增大。当河流水位超过河岸高度时即处于洪水阶段，洪水用洪水产生的最大径流量或最高水位表示，当达到最高水位时称河流的洪峰，洪峰在极短的时间产生，也即几分钟之内补给极大的流量，其效果类似大坝倒塌补给的水量，而远离补给点的下游河段，在洪水阶段开始的几天内仍未有洪峰，也就是降水已停止而洪峰也许尚未来到。

洪水可以在一条小河流，仅影响几千米的范围，或者影响到像长江、珠江这样大河的广大区域。仅仅影响到小范围、局部区域的洪水亦称上游洪水，它常常是突发的，由局部的暴雨形成的，或类似于大坝倒塌之类的事件。它涉及的水量是中等的，进入河流的速度很快，可在短时期超出河道的容量，形成的洪水尽管是严重的但十分短暂，河流的下游河段有足够的河道容量接纳多余的水量。在大的河流系统和较大的流域形成的洪水，称下游洪水，它产生于广大区域的超大暴雨或大面积的降水、融雪，使整个河道系统受余水量的拥塞，其持续时间长，例如长江中下游的洪水、珠江流域的洪水、我国夏季洪水主要是这类影响流域的广大区域的洪水。

（二）洪水灾害形成的条件

1. 气象气候条件

降雨的时空分布对径流的影响极为明显。在降雨量相同的情况下，降雨越集中，则径流量越大，径流过程线呈尖形凸起。若降雨集中在流域的下游，径流的涨落往往较快，且洪水历时短、洪峰流量大。所以，暴雨是造成绝大多数河流洪灾的主要原因。热带、亚热带的沿海地区，由于季风和台风、热带气旋活动频繁，常常形成暴雨。由暴雨引起的洪水灾害最常出现在东亚、东南亚和南亚地区。印度、巴基斯坦、孟加拉国是当今暴雨洪灾最严重的国家。

高山地区冰雪的消融若因某种气象因素而加快，或冰雪融化时土壤呈过饱和或冻结状态时，也容易引起发源于高山地区，并使受冰雪补给的河流产生洪水。但这种洪水的涨落相对平缓，日内呈周期变化，与气温有良好的对应关系。

2. 下垫面条件

下垫面条件包括地形、地表组成物质、植被等。

地形：流域的地形特征，例如高程、坡度、地表切割程度等，直接影响地表水流的汇流条件。地势越陡，切割越强烈，地表径流的汇流速度越快，汇流时间越短，径流的下渗越小，常形成洪水。地势低平的汇水盆地，因地势低平，河流蜿蜒曲折，河床淤高，洪水宣泄困难，洪峰受阻，常造成洪水泛滥。

地表组成物质：流域的地表组成物质主要是通过下渗和地下水的埋藏条件来影响地表径流的。有深厚的第四纪松散沉积物的地表，由于渗透性好，一部分水量下渗补给地下水，再以地下径流的方式补给河流，从而减缓河流径流的变化。有些地区虽然地表的渗透性较好，但地下浅部却为渗透性弱的地层，暴雨后地表水可部分地渗入地下弱透水层表面，形成地下水流，当其排泄出露地面与地面径流汇合后，同样可以产生洪水。应指出的是，即使地表组成物质的渗透性高，然而一旦被水所饱和后，任何多余的水都将迅速转变成地表径流。

植被：可以以多种方式来减轻洪水灾害。植被可以降低地表径流的流速，从而降低水流到达河流的速度。深入土壤中的植物根系可以疏松土壤，维持或增强地表的渗透性，从而减少产流。植被及其枯枝落叶层也可以直接吸收水分，以促进植物的生长，并通过叶子的蒸腾作用使部分水释放出来。所有这些因素都减少了直接进入河流系统的水量。同时，植被有利于减少水土流失，使河流泥沙量减少从而减轻洪水危害。

流域的形状和面积：不仅影响径流量的大小，而且影响径流的过程及其变化。流域的长度决定了地面径流的汇流时间。狭长的流域汇流时间长，径流过程较为平缓。水系的类型对径流的过程影响较大。扇形排列的水系，各支流的洪水基本上是同时汇聚到干流，并向出口断面运动，反映的流量过程线往往比较陡；而羽状排列的水系，各支流沿干流先后汇集于干流，反映的流量过程线往往比较平缓。

流域面积大小对径流的影响是通过自然因素组合关系而体现出来的。一般随着流域面积的增加，一方面河道切割的含水层层次增多，截获的地下径流量也相应增多；另一方面，流域内的自然环境由单一化转变为多样化，各要素相互影响、相互制约，使径流的变化趋于和缓。

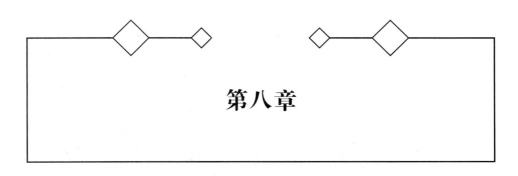

第八章

资源与环境

第一节　水资源与环境

一、水利用与水管理

（一）水利用

谈到水利用，必须区分河道外水利用和河道内水利用。河道外水利用是指将水抽离水源到陆地上的利用，包括灌溉、火力发电及其他工业、生活公共用水。河道外水利用包括了消耗性利用，即河道外用水后不能立即返回到河流或地下水中的水，如蒸发、参与作物生长、转化为产品、被动物与人体吸收的水。河道内水利用，是指不离开水源水体的用水，包括通航、水力发电、鱼类及野生生物生境和娱乐用水，这部分用水没有消耗。

河道内用水常常引起一些争论，因为每种用途要求不同的条件。比如，鱼类和野生生物要求水位有季节性波动，要求流量能够满足生物栖息、繁衍的要求。然而，这些水位与流量的要求与水力发电要求不一致，后者为实现发电目标则需要每天都有大流量。类似地，通航、娱乐用水与生境用水、水力发电用水之间都可能存在一些不匹配的要求。

1. 水的输送

在现代社会里，由于水资源分配的时空不均，由于不同地区社会经济发展引起的水需求程度差异，经常需要从降水丰富的地区，通过水利工程调水，来解决一些地区的高用水需求。水的分流给生态系统带来了影响，尤其对美国加利福尼亚州北部河流的鱼类生境造成了不良影响。

2. 水保持

水保持是指提高水利用效率以减少取水量和消耗水量的行为。如何才能提高水利用效率、降低取水量和消耗性水量呢？由于灌溉是最大的消耗性水利用方式，改进农业灌溉技术将可能减少 20% ~ 50% 的取水量。落后的技术会浪费大量的水资源，而现实也表明先进的灌溉技术将能够大量节约用水，如灌溉渠的三面光和覆盖能够有效降低渠道水的渗透和蒸发；计算机监测渠道放水和灌溉制度；综合利用地表水和地下水；夜间灌溉减少水蒸发；微灌和滴灌技术应用；等等。

尽管城市和农村家庭用水只占总取水量的 10%，但这样的用水需求是集中性的，可以反映出当地水利用紧张的问题。通过更有效的家庭用水方式、增强家庭节水意识也能够在低成本条件下节约用水。

改进冷却塔冷却技术，可以减少 25%～30% 的热电工业用水；更新工业设备、增加污水处理率、增加循环用水可以减少制造工业用水。随着科学技术的不断创新和发展，水保持领域的技术发展将有望显著减少取水量。

（二）水管理

水管理是一个复杂的话题，随着水需求的不断增加，其将变得越来越困难。尽管在许多干旱半干旱地区水的供给问题很严峻，但在湿润多雨地区不少大的城市一样存在类似的问题。解决这样的问题，需要寻找备用资源、更好地保护与管理现有的可用资源，包括控制人口的增长。

不少城市已经将水当作像油气一样的商品，在市场上买卖，这样会出现水价与水配置的动态变化，会提高水的利用效率。比如，农业灌溉地区可能与城市合作，将部分用水供应给城市，以满足城市增长的水需求。通过节水措施减少农田灌溉的水损失，这种水资源的重新配置不会给农作物生长带来负面影响。如今，农业地区缺乏资金开展节水措施，而缺水的城市则可以资助农村节水工程的建设。很明显，将来水将变得越来越贵，如果水价合适，就可能会出现这样的用水策略。

水管理的一个重要目标就是需要认识到水太多与水太少是自然现象，但是这是可以被规划的，可以在可利用范围内进行水配置或平衡水需求。

"水管理"是一个新的理念，强调地表水和地下水都受制于自然因素，但是这是可以被调节的。在丰水年份，地表水是丰富的，浅层地下水也会得到补偿。这时候人们的注意力更多地集中在应对洪水上，而不是水短缺。然而，在干旱年份，又需要对策来克服水缺乏问题。从管理策略上讲，应该优先利用地表水，适当限制利用地下水，以保障地下水在枯水年份发挥重要的作用；在枯水年份，可以适当以大于补给的速率来超采地下水，这超采的部分有望在丰水年份得到自然或人工补偿。

水越来越影响或制约一个地区或国家的发展。当前，一个新的概念使我们能够从全球尺度来看待水资源，那就是"虚拟水"，是指生产某个产品（如汽车或一个面包）必要的水量。之所以称为"虚拟"，是因为这些水分似乎是看不见的。

由于商品的流动性，虚拟水概念认为，一个地区的人可以通过进口产品来影响另一个地区的水资源。比如，美国和巴西利用大量水资源生产粮食产品出口到其他国家，而这样的用水过程也给当地水供给和水环境带来了压力。对于地方性或全球性水资源规划，虚拟水的概念是有意义的。一个受水资源困扰的干旱国家或地区，从其他水资源丰富的国家或地区进口粮食，将更有利于利用当地水资源来发展其他水用途。

二、水资源开发利用的环境问题

（一）水利工程的影响

水利工程所产生的各种影响也是显著的。确切地说，是以某些自然、社会环境和土地资源等为代价的。一些不恰当的水利工程，更是对区域的水沙平衡有巨大的影响。

水库大坝坝址是水利水电工程的枢纽，大坝建成后水库蓄水，库区的地质环境将发生明显的变化，主要表现在以下八个方面：

1. 水库及上游淤积

对于水利工程来说，流域管理中受到广泛关注的是水库淤积问题，也是在开发水资源、水能资源过程中的全球性工程问题。

水库淤积会引起库区及其周围环境发生变化，并使水库使用寿命缩短，这是大坝对环境的第一个影响。

水库淤积不仅缩短水库的使用寿命，而且会给上下游防洪、灌溉、航运、排涝、治碱、工程安全和生态平衡带来影响。水库的建设极大地改变了原河流水动力条件和河流地质作用，使其侵蚀、搬运和沉积作用发生很大的改变。水库淤积不仅对上游和库区产生极大影响，而且由于清水下泄，下游水流冲刷作用增强，向下侵蚀显著，河道下切、河流变直，可导致部分河段岸坡不稳，出现裂缝、坍塌、滑坡，甚至出现负比降等不良现象。

2. 库岸失稳

由于水库蓄水或其他人为因素导致库岸滑坡、崩塌、塌岸等现象，使库岸失稳。

3. 水库浸没

水库蓄水后水位抬高，引起水库周围地下水水位壅高。当库岸低平，地面高程与水库正常高水位相差不大时，地下水位可能接近甚至高出地面，产生种种不良后果，这种作用称为水库浸没。

水库浸没主要发生在水库的周边和下游地区，对水库周边的工农业生产和居民生活危害很大，能够使农田沼泽化和盐渍化，使建筑物的地基强度降低甚至遭受破坏，还能造成附近矿坑渗水，使采矿条件恶化。

4. 水库诱发地震

水库蓄水可以诱发地震，通常最大震级不超过6.5级，震源深度多在3～5km，强度不大，烈度偏高。然而，水库诱发地震所引起的灾害有时是很严重的。

5. 水库对下游的影响

有些河流的泥沙中挟带肥料和营养物较多，建坝后泥沙被截留库中，当上游大量取水引起水库下泄水量减少时，下游将发生许多新问题。典型的例子，如埃及的尼罗河每年挟带1亿多吨泥沙，淤积于下游两岸，当阿斯旺高坝建成后，泥沙被截留库中，排入地中海的水量又大量减少。其结果不但致使下游农田逐渐失去肥源，流入地中海的鱼类饲料被隔断，而且地中海海岸的冲刷得不到泥沙淤积的补偿，原有的自然平衡状态受到破坏，以至于海岸线迅速后退，海岸村庄被淹。

6. 水库对水质的影响

从地球化学和生物地球化学的观点，水库蓄水对原来的水生系统会产生显著的改变。上游冲刷下来的泥沙淤积后会增加库区水体氮磷含量，容易诱发水库富营养化，使水体中细菌和水藻大量繁殖，使水中氧的含量降低，对库区水质产生影响。

另外，水库上游的工矿企业或土壤本底中会含有有毒物质，由于"三废"的排入或暴雨的侵蚀作用，致使含有大量有毒物质的水和泥沙流入库内，使水库水质和底质受到显著影响。

7. 大坝事故

在筑坝期间或建成之后，若大坝的安全没有保证，就可能出现大坝倒塌的事件。大坝选址，就像大坝的结构和所用的材料同样重要。

8. 对区域水平衡的扰动

20世纪50年代后期，由于急切希望改善农业生产面貌，我国华北平原除修建了地表引水工程外，还修建了不少拦蓄降水的"平原水库"，有人甚至提出了实现华北平原河网化的口号，以期"水不出田"，保证旱季灌溉用水。但这样做的结果是干扰和破坏了正常的水量平衡。由于排水途径不畅，又恰逢丰水年，使地下水位急剧上升，土壤次生盐渍化普遍存在，反而使农业生产受到了损失。随后取消了"平原水库"，并停止了全部引水工程，地下水位便逐步下降，土壤次生盐渍化也基本消除。

（二）水资源枯竭

1. 过量引用地表水导致河湖干涸

在世界上，由于无计划、无限度地使用水资源，已使许多河流断流并消失，许多湖泊的面积也日益缩小以至消没。这种情况对水生生态系统的破坏性影响是不言而喻的。

2.过量汲取地下水引起区域性水位下降

我国地下水资源的分布特征，具有鲜明的时空分布的不均匀性。在我国已有供水系统的城市中，地下水已成为城市主要的供水水源，这在北方城市中尤为突出。

在任何地区，地下水在未经大量开发之前，其收支基本上处于天然的动平衡状态，但在开采之后，地下水的动态平衡又要受人为的开采状态所支配。如果开采地下水总量不大于开采区补给总量（天然补给量及开采补充量），它的动水位只是在某个深度内变动，这是属于均衡开采的地下水位下降；相反，总开采量大于总补给量，再加上开采的持久性，势必会造成疏于开采的区域性水位下降，这种过程就是地下水超采。开采地下水会引起地下水位下降，形成漏斗状凹面，人们称之为地下水降落漏斗。

（三）水质恶化

水质恶化是水体在自然因素或人为因素影响下，导致水质量不断下降的现象。由于各种原因，经过利用的水常常被污染，如生活污水、生产废水等。如果在未经处理或处理不合格时排放会引起地表水体或地下水污染；而由于环境地质条件的改变引起水文地球化学条件的改变，进一步导致水体污染的情况也是很普遍的。

1.地表水水质恶化

水资源经过利用后，不同程度地混入了有毒有害的物质，形成污、废水。污染水被排放到水体，反过来导致水体污染。地表水污染分为点源污染和非点源（面源）污染。点源是指呈点状分布的污染源，通常不连续且范围狭窄，如工业或城镇污水、废水入河排污口；非点源与点源相对，呈面状，看不见排放口，具有较大的分布面积，是散布、间歇性的。比如，常见的城市非点源包括街道空地的径流，常含有重金属、化学物质、沉积物等污染物；在广大农村地区，不合理地使用化肥、农药等农用化学物质，导致它们随农田水排放或随水土流失而对地表水造成日趋严重的影响。

2.地下水水质恶化

在天然条件下，地下水动态（包括水位、水量、水质及水温）处于动平衡状态，比如水分与盐分的动态平衡。在人为因素的支配下，不仅水量平衡会被打破，水盐平衡也会被打破，前者表现为地下水位的变化，后者表现为水质的变化。在很多地下水开发利用地区，区域性地下水位下降不仅能够引起水量平衡的破坏，也是水盐平衡破坏的主要因素。地下水水质恶化具体表现如下：

（1）地球化学环境的改变引起水质恶化

由于强烈开采地下水使地下水位大幅度降低，原来的含水层空间被空气充填，包气带厚度加大。其结果使得原来的还原缺氧环境被趋向于氧化环境，一些金属不溶物被氧化成游离的金属离子，淋渗到开采层中。如原含水介质中含有黄铁矿，因为地下水位下降而暴露在气相中，容易被氧化，导致三价铁、硫酸盐含量增大。当水位上升或在雨水淋滤下，地下水中铁、硫酸盐浓度提高，矿化度提高。

（2）沿海地区海水入侵引起水质恶化

在近海地区大量开采地下水，使得陆域地下水位低于海平面，从而导致海水向内陆含水层侧渗的现象，通常称之为海水入侵。

（3）含水层连通导致水质恶化

在内陆地区开采深部地下水时，由于区域性水位降低，上部高矿化度水通过弱透水层越流及隔水层尖灭处的绕流补给，使开采层地下水水质恶化。

强烈开采地下水不仅导致资源量的枯竭，而且会伴生水质恶化。目前，城市开采一般都是深层开采，一旦污染了深层水源，其治理、修复是非常困难的。

（4）地表化学物质侵入导致地下水污染

由于地表污水排放、固体废弃物淋滤、农田过量施肥、地下储藏罐泄漏导致地下水遭受无机、有机化学物质的污染问题已越来越突出。如重金属、硝酸盐、石油烃等污染事件在全球普遍存在，尤其是发展中国家，严重影响人类饮用水源的质量。近年来，欧美等国家在该领域的发展很快，在有机类污染含水层修复方面已经形成产业化。

（四）地面变形

1. 地面沉降

地面沉降又称为地面下沉或地陷，它是在人类工程经济活动影响下，由于地下松散地层固结压缩，导致地面标高降低的一种地表下降。抽汲地下水是引起地面沉降的主要因素，另外采掘固体矿产、开采石油与天然气等人类工程经济活动也会导致地面沉降。

地面沉降可在相当大的范围内使地面高程累积损失，可使水准测量高程基准网失效。其直接威胁体现在方方面面，如建筑物下沉开裂破坏、地下管网断裂、在沿海地区加大海水入侵及内涝积水、使河道淤积、降低河流的泄洪与抗洪能力、桥基下沉失稳、桥梁净空减小、降低通航能力、影响交通运输等，对人民生命财产造成严重威胁，在土地资源可持续利用等方面，都有相当不利的影响。

过量地抽汲地下水是导致地面沉降的主要原因，这种事实已被国内外学者所公认。因此，减轻地面沉降灾害的措施中最主要的是人为控制地下水的开采量。

2. 地面塌陷

地面塌陷通常是指岩溶发育地区在人为活动或天然因素作用下，特别是在水动力条件改变引起的环境效应作用下，上覆土层或隐伏岩层顶板失去平衡发生的下沉或突然坍塌现象。

地面塌陷主要发生在岩溶水分布地区，根据形成塌陷的主要原因分为自然塌陷和人为塌陷两大类。前者是地表岩、土体由于自然因素作用，如地震、降雨、自重等，向下陷落而成；后者是由于人为作用导致的地面塌落，特别是城市地下水集中开采局部地段较为多见。

在20世纪八九十年代，地面塌陷问题在我国分布较广，较为严重的城市有：辽宁的大连，河北的秦皇岛、唐山，山东的济南、泰安、淄博、枣庄，湖北的武汉、黄石、咸宁，湖南的怀化、娄底、黔城、湘潭、郴州，江西的九江、宜春、上高，云南的昆明，贵州的贵阳、水城、安顺、遵义、六盘水、清镇，广西的桂林、柳州、玉林，广东的广州、肇庆等数十个城市。其中，破坏强烈、影响较大的有：大连、秦皇岛、泰安、武汉、桂林、水城、昆明等。受岩溶水分布的控制，南方的发生率高于北方。

地面塌陷带来了财产的损失、地形地貌和生态环境的影响，能够使大量的建筑物变形、倒塌、道路塌陷、土地毁坏、水井干枯或报废、风景点破坏等，给工农业生产和人民生活造成了很大损失。

3. 地面裂缝

地面裂缝是地表岩、土体在自然或人为因素作用下，产生开裂，并在地面形成一定长度和宽度的裂缝的一种地质现象。当这种现象发生在有人类活动的地区时，便可成为一种地质灾害。

地面裂缝的形成原因复杂多样。地壳活动、水的作用和部分人类活动是导致地面开裂的主要原因，而过量开采地下水则能够诱发和加剧地面裂缝。

第二节　土壤与环境

土壤是陆地环境的重要组分部分，是人类生存发展和环境友好的物质基础。土壤是我们周围环境的重要组成部分，陆地环境的各个方面都与土壤有着不同程度的联系。比如我们利用土壤种植农作物来供应粮食，管理部门根据土壤性质规划土地是作为农业用地还是作为建筑用地，等等。如果缺乏土壤，农作物生长、植被生长将面临极其严重的根基问题，直接威胁到粮食安全和生态安全。另外，由于人类活动的影响，土壤越来越多地丧失了其应有的资源作用，如遭受污染，或被不合理征用。所以，土壤作为资源并加以保护是一个重要的议题。

一、土壤利用与环境

人类活动对土壤的影响主要体现在方式、数量、径流强度、侵蚀和沉积等方面，而最重要的影响是改变自然土壤的功能属性，即不同的土地用途。

（一）森林用地

当土壤被森林覆盖后，降雨会因为森林的拦截而降低了对地面的冲击，从而减少土壤的流失；另一方面，森林地面的落叶层会增加地下径流量，减少地表径流量，也会有一部分降雨会因为蒸腾而回归大气圈。一旦森林被砍伐后，不仅降雨拦截和蒸腾减少了，而且地下入渗也会减少，地表径流会增加。由于拦截的减少和地面径流的增加，更多的土壤会因为受到冲击而松动流失，河床会发生沉积。随着树木根系的腐烂，土体强度也会降低，可能会发生坡地失稳事件。

（二）农业用地

在过去的半个多世纪，世界上大约 10% 最肥沃的农业用地由于土壤侵蚀和过度耕作而被毁坏。由于人口数量的增加，粮食供给安全成为增加农业用地的主要原因，原有的森林用地被改造成为农业用地。

森林用地改变为农业用地后，对降水的拦截和蒸腾明显减少，地表径流增加，加上耕作犁田因素，土壤流失量也会增加。但是，相对森林砍伐后不种植的情形，农业用地对土壤保持更有利。

传统农业的直线式犁田和排水是不利于土壤保持的，一旦农作物被收割，土壤暴露后，风和水都可以带走土壤。虽然土壤是不断形成的，但其形成速率很慢，几十年才达到 1mm 厚。因此，控制土壤侵蚀速率并使之低于土壤形成速率是土壤保持的关键，保持土壤的四种实践经验如下：

1. 等高式犁田

这是利用自然地形的一种常用的耕作方式，犁田方向通常与坡地倾斜方向垂直，而不是顺着坡地倾斜方向，这样可有效地减少由于径流导致的侵蚀。

2. 无犁田种植

这是一种没有犁田的耕作农业，大大地减少了土壤侵蚀，这种方式需要综合考虑种植与收割、除草和除虫方法。

3. 坡地台阶化

通过把坡地改造成平坦的台地，可以有效地控制土壤侵蚀。运用一些石块或其他材料来形成围墙，稳定坡地，已经成为农业上广泛使用的防治土壤流失的耕作方法。

4. 作物套种

在热带的雨林和其他地区，多种作物套种是一种非常有效的防止土壤流失的方法，在高大植被之间整理出空地，种植上其他作物，过段时间就可以覆盖土壤了，且具有较好的经济效益。这样的方式在人口少的地区行之有效，但在人口多、密度大的地区难以持续。

（三）城市用地

农业用地、森林用地或农村用地改造成城市用地，会发生一些显著的变化，过程中会伴随着产沙量的巨大增加和径流的增强。相应地，河流同时存在侵蚀和沉积两种作用，河床会变宽和变浅，随着径流的增强，洪水灾害也会增多。在建筑物建成地区，地面通常被建筑物、道路和公园占用，混凝土硬化程度高，土壤流失大大减少。在这样的条件下，径流增加的河流会进一步侵蚀河床，使河床变深；但是，大面积土地不透水、暴雨时径流增加、下水道不畅，洪水的风险又会增加。

城市化直接影响土壤的途径包括：

一是一旦灵敏度高的土壤被扰动，强度会变低，即使是较轻的扰动，也容易导致其流失。

二是建筑用地常常需要从外地运来一些材料作为填土，如其他地方的建筑垃圾或废弃土壤，从而导致土壤性质的差异。

三是排水可以导致土壤失水，从而改变土壤性质。

四是城市土壤容易受到化学物质的污染，在一些化学危险品工厂附近尤其严重。

（四）土壤污染

一些化学物质包括有机化合物（如碳氢化合物、农药）和重金属（如硒、镉、镍、铅）对人体和其他生物体是有毒害的，当这些物质侵入到土壤中时，会导致土壤污染。污染物侵入土壤的途径很多，包括固体废弃物和化学危险品的不合理处置、农业施肥与除虫、污水排放与浇灌、有毒物质泄漏、有毒有机体的掩埋等。而土壤污染物影响生态系统和人体的途径，则包括水源、农作物和空气。

土壤污染能引起很大程度的社会反响，一是土壤利用功能因为遭受污染而终止；二是发现一直利用的土壤具有较长的污染历史。尤其后者，生态系统和人体健康在不知不觉中受到了难以康复的侵害。由于废弃物的处置或者化学物质的随意倾倒，以及地下储藏罐泄漏，土壤遭受污染十分普遍。然而，土壤的修复是极其困难的，成本昂贵、周期长。常用的修复方法有挖掘后异位焚烧和生物修复，后者是一种利用自然界微生物降解作用或增强微生物修复作用去除污染物的方法。比如对生物可降解的某些石油类或溶剂类化学物质，通过生物修复可以转化为无害的二氧化碳和水。对于土壤修复，通常倡导原位修复，不鼓励挖掘大量土壤进行异位修复。

（五）沙漠化

"沙漠化"这一术语，最早被用来描述位于阿尔及利亚和突尼斯的撒哈拉大沙漠的演变，其形成原因包括过度放牧、森林砍伐、严重的土壤侵蚀、灌溉农田的排水不畅及过度消耗水资源等。

在环境问题频现的近年来，"沙漠化"一词常常与干旱缺水一起被提及。比如在印度和非洲干旱缺水地区，提到人民的贫苦、饥饿和疾病，常会与沙漠化联系在一起。在高密度人口地区，不断向外围扩张，会导致过度放牧和外围植被被大量砍伐，从而出现人为诱发沙漠的现象。

全球沙漠化灾害主要分布在地球上的干旱地区，包括我国的西北部。我们可能会联想到某些环境问题是与沙漠化效应相关的，尤其是干旱。事实上，沙漠化过程不是一个连续和连片推进的过程，更类似于"拼凑、拼接"的过程，这与当地的水文、地质、土壤和土地利用方式有关。

沙漠化的主要症状包括：地下水位下降；浅层水土盐渍化；地表水分布面积包括河流、池塘和湖泊面积减少；土壤侵蚀速率明显加大；本土植被被破坏。经历沙漠化过程的地区，或多或少出现上述一些症状，可能是小面积的，也可能是大面积的。而且，这些症状之间也是相互关联的，比如浅层土壤的盐渍化，可能会导致地表植被不能生长，进一步加速土壤的侵蚀。

沙漠化的防治有以下措施：

一是保护或改良高质量的土地，没有必要把大量的时间和资金花在贫瘠的土地上。

二是通过简单而有效的措施避免过度放牧。

三是发展农业种植技术，保护土壤资源。

四是通过科学技术提高农作物产量，避免贫瘠土地被过度耕作。

五是通过植被恢复、固沙固土等措施，促进土地修复作用。

二、土壤调查和土地利用规划

土地的最佳用途受土壤质量的影响，因此，土壤的调查也应该是几乎所有工程项目的重要环节。土壤调查应该包括土壤描述、土壤水平和垂直分布的图件，以及土壤粒级、含水量、胀缩性和强度的测试，其目的是为探查场地潜在问题以提供施工前的必要信息。

详细的土壤图件对土地利用规划很有帮助，比如可根据土壤的约束性将土地利用类型划分为：住宅用地、工业用地、污水处理系统用地、道路用地、娱乐用地、农业用地和森林用地。相关的土地信息包括坡度、含水量、可渗透性、岩石埋藏深度、可侵蚀性、胀缩性、承重强度和崩塌可能性。

对于某个特定的地区，土地利用的限制性可以根据详细的土壤调查图和相应的土壤类型描述来确定。

第三节　矿产资源与环境

矿产资源是人类生活和生产中必要的物质基础，与社会文明有着密切的联系。下面将首先介绍当今社会利用的矿产资源类型及开采方式；然后阐述人类开发利用矿产资源对自然环境的影响，出现的一系列环境问题，包括矿山"三废"排放对环境的污染、地面塌陷、水均衡系统破坏和坡地失稳等。

一、矿产资源分类

按照矿产的可利用成分及其用途，可将之分为金属、非金属、能源和水气资源四类（表8-1）。下面着重对前三类进行简要介绍，因为水气类主要是地下水，在前面已有所介绍。

表 8-1 矿产资源的分类

矿产类别		说明
金属类	黑色金属类	能提炼铁、锰、镍、钒、钴、钼、钨等钢铁工业所需原料的矿产资源
	有色金属类	能提炼铜、铅、锌、铝、锡、铋、镁、钛等金属的矿产资源
	贵金属类	能提取金、银、铂等贵重金属的矿产资源
	稀有金属类	能提取锂、铍、铌、钽、锑、汞、稀土元素等元素的矿产资源
非金属类		富含硫、磷、碘、硼等元素，以及重晶石、石棉、萤石、石墨、金刚石、石膏、滑石、膨润土、高岭土、珍珠岩、硅灰石、蛭石、海泡石等矿产资源
能源类		包括煤、石油、天然气、泥炭、油页岩、地热、核能等
水气类		指地下水、矿泉水、二氧化碳、硫化氢、氦气、氡气等6种

（一）金属类

人们常常用"矿石"一词来描述那些包括有用金属且具有经济开发价值的岩石，通过挖掘、炼制提取出金属。自然环境中，这些金属类矿产的形成与富集具有多样性和复杂性，与板块构造、生物地球化学循环和水循环等因素影响下的岩石循环有很密切的关系。按照金属类矿产的形成过程，具有火成、变质、沉积等成因。

1. 火成作用

世界上大多数金属矿床是在岩浆岩形成过程中富集产生的，比如铜矿、镍矿和金矿等。在岩浆成因的矿床中，热液沉积也许是最为常见的成因类型。火山岩浆上升时，压力温度下降，挥发组分强烈析出，通过分馏形成火山热液，也可以与地下水形成混合热液。由于热液的温度很高，富有不同化学成分及流动性等，热液可以沿构造带上升，或充填于裂隙带中，形成热液沉积矿脉。这类火山热液矿床主要出现于陆相火山活动地带。岩浆矿床类型主要有金刚石矿床、铂族元素矿床、铬铁矿矿床、钒钛磁铁矿矿床（如我国的四川攀枝花铁矿）和铜镍硫化物矿床（如我国甘肃的金川矿）。

2. 变质作用

高温岩浆与周围岩石接触，常常导致围岩在高温与高压作用发生物理与化学上的变化，即变质作用。变质作用影响范围可以从几米到几百米，有时能出现几千平方千米的区域性变质作用。在这样的接触变质中，不仅能够产生金属类矿床，而且能产生非金属矿床，如石棉和化石矿床。

变质矿床多产于年代古老的变质岩区，具有矿种多、矿床规模大等特点，经济价值巨大。世界上铁矿储量的 2／3 以上来自变质铁矿。金、铜、铅、锌、磷、锰、菱铁矿等也占有较大比重，如中国辽宁大石桥菱镁矿矿床、山西垣曲铜矿峪铜矿、山东莱西市南墅石墨矿等。

3. 沉积作用

地表和近地表条件同样可产生很多重要的金属矿床，这里包括在低温和常压或近于常压条件下生成的次生矿物，也包括火成岩和变质岩的风化产物在水环境中富集成矿。沉积作用形成的矿体多呈层状，层位稳定，矿层与周围沉积岩层产状一致。在沉积成因的金属矿产中，铁、铝、锰矿较为常见，属于化学沉积矿床，成矿物质在流水等介质中被搬运到盆地中，在化学作用和生物作用下沉积形成矿床，如我国湖南湘潭锰矿、广西铝土矿等。

（二）非金属类

非金属矿产的形成，与变质作用、沉积作用具有非常密切的关系，尤其在沉积作用中，可形成河流机械搬运成因的矿砂、封闭盆地蒸发沉积成因的盐类矿产，以及生物沉积成因的煤、石油和油页岩等资源。非金属类矿产资源中，主要有两类用途的矿产：一类被称为"工业矿物"，它们有一些共同点，就是可以整体利用，无须进一步加工就可用；另外一类被当作建筑材料使用，如水泥、熟石膏等。

我国的非金属材料在节能、电子工程、环境保护、密封、耐火保温、生物工程及填料、涂料方面，得到了快速发展。从低廉的矿物原料，开发出附加值高的深加工非金属矿物材料及高精尖技术功能材料，将是未来我国非金属矿物工业的主要发展方向。

1. 工业矿物

（1）矿石肥料

矿石肥料已成为土壤增肥和喷施农田的最主要物质。由于能增肥，被施加于土壤中最多的元素为钙、氮、磷、钾和硫。除氮以外，其他元素都是用人工方法从矿石中提炼出来的。

钙大多是从灰岩中提取出，它是最丰富和最便宜的添加剂；氮是从大气中提取出的，也有从非海相蒸发沉积硝酸盐物质中提取出的。

磷矿石（磷灰石）就是典型的矿石肥料，世界上磷矿石的消费结构中约80%用于农业。我国磷矿资源比较丰富，已探明的资源储量仅次于摩洛哥和美国，居世界第3位。云南、贵州、四川、湖北和湖南5省是我国主要磷矿资源储藏地区，储量占全国总储量的70%以上。

钾盐矿也是常见的矿石肥料，用于制造钾肥。主要产品有氯化钾和硫酸钾，是农业不可缺少的三大肥料之一。世界上95%的钾盐产品用作肥料，5%用于工业。它是一种蒸发沉积矿物，由含盐溶液沉积而成，因而常见于干涸盐湖中，如我国柴达木盐湖中产有钾盐。目前，我国已查明的可溶性钾盐资源储量不大，尚难满足农业对钾肥的需求。

（2）化学矿石

这些矿石的重要性在于它们的化学特征和无机性能的应用。但是，它们的用途广泛而难以分类，食盐、黏土、硼酸盐、碳酸盐、硫酸盐、氟化物等都是重要的物质。

（3）其他矿物

社会上对其他的一些矿物也有多种需求，特别是一些坚硬矿物常被用作磨料，水晶、石榴石、刚玉、金刚石等常用作切割材料，精美而稀少的矿物常常被用作珠宝和装饰品。

2. 建筑材料

建筑材料可以分成两大类：简单加工的建筑石料；通过添加、煅烧、高压铸造成新的材料。

（1）建筑石料

原料分类中的建筑石料是由一些具备无须化学加工而直接用于建筑工业和结构工艺中的石块组，有规格石料和碎石之分。前者是按照建筑需要将基岩分割成一定形状和体积的石块；后者是由基岩碾压成的碎块和砂、砾石等未固结沉积物组成，用于道路铺设和其他建筑填料。各种类型的岩石都可用于建筑，但是由于其运输费用很高，一般仅在当地开采。

（2）加工的矿石产品

建筑业上普遍使用的、由矿物组成的五种加工产品，即水泥、熟石膏、黏土、玻璃和石棉，都是与其他配料混合制成的建筑材料。另外，不少矿物产品也越来越多地应用于颜料制造、纸张制造、水体净化、糖品提炼等领域。

二、矿产资源开发

矿产资源的开采方法与矿产类型有关，同时也因矿床所在地的自然条件而异。固体矿产、液体矿产和气体矿产的开采方法都存在差别。

（一）固体矿产开采

固体矿产包括金属矿产、非金属矿产和煤，它们的开采通常分为地下开采和露天开采。

1. 地下开采

地下开采是在地面以下用地下坑道进行矿产开采工作的总称，包括挖掘地下矿物后运输到地面，提供工人、设备、动力、通风设备和供水以保持开采进行等环节。一般适用于矿体埋藏较深，在经济上和技术上不适合于露天开采的矿床。

地下开采通过矿床开拓、矿块的采准、切割和回采四个步骤实现。

一是矿床开拓。矿床开拓根据矿床的赋存条件与矿体的产状选用不同的矿床开拓方式以便于运输、行人、通风、排水。

二是采准。矿块的采准工作是指按照预定的计划和图纸，掘进一系列巷道，从而为矿块的切割和回采工作创造必要的条件。

三是切割矿块。切割工在采准工作的基础上，为回采矿石开辟自由面和落矿空间，从而为矿块回采创造必要的工作条件。

四是回采。回采是从矿块里采出矿石的过程，是采矿的核心。回采通常包括三种作业：落矿，将矿石以合适的块度从矿体上采落下来的作业；出矿，将采下的矿石从落矿工作面运到阶段运输水平的作业；地压管理，包括用矿柱、充填体和各种支架维护采空区。

在实施开采过程中，长壁开采法是一种适用于开采相对平缓、脉状或层状岩体矿床的方法，整个矿区沿着开采面移动，不支护上覆岩体，所以经常导致塌方和地面塌陷。另外，广泛应用于煤矿和盐矿的替代方法是房柱式开采方法。在矿体中以地窖方式挖取并留一些矿柱顶住上覆岩体，大量矿物被遗弃在矿洞中，发掘洞室的最终沉陷引起地表麻点状的塌陷。

2. 露天开采

露天开采是指先将覆盖在矿体上面的土石剥离，自上而下把矿体分为若干梯段，直接在露天进行采矿的方法。适用于高储量、高纯度、上覆岩层薄的矿，是一种经济的开采方法。石灰石、大理石、花岗石的采石场就是露天开采；砾石开采也是一样。

与地下开采相比，优点是资源利用充分、回采率高、贫化率低，适于用大型机械施工、建矿快、产量大、劳动生产率高、成本低、劳动条件好、生产安全。但需要剥离表层物质，排弃大量的岩土，尤其较深的露天矿，往往占用较多的农田，设备购置费用较高，故初期投资较大。此外，露天开采，受气候影响较大，对设备效率及劳动生产率都有一定影响。随着开采技术的发展，适于露天采矿的范围越来越大，可用于开采低品位矿床和某些地下开采过的残矿。对平缓矿床（一般矿层倾角小于12°）采用倒堆、横运或纵运采矿法。

对倾斜矿床采用组合台阶、横采掘带或分区分期开采的方法。

（二）液体矿产开采

这类矿产开采典型的是石油开采。与一般的固体矿藏相比，石油开采有三个显著特点：一是石油在整个开采过程中不断地流动，油藏情况不断地变化，因此，油气田开采的整个过程是一个不断了解、不断改进的过程；二是开采者一般不与矿体直接接触，对油气藏的了解与采取的措施都要通过专门的测井来进行；三是油藏的某些特点必须在生产过程中，甚至必须在井数较多后才能认识到。

在石油开采过程中，需要通过生产井、注入井和观察井对油气藏进行开采、观察和控制。石油的开采有三个互相连接的过程：二是从油层中流入井底；二是从井底上升到井口；三是从井口流入集油站，经过分离脱水处理后，流入输油气总站，转输出矿区。

开采过程中常常需要向油气藏注入某些物质，来干扰其分布，或降低其黏度，或将石油从岩石中分离出来，注入物有高温水蒸气、氮气、二氧化碳及某些能改善水油表面张力的水溶液。然而，尽管如此仍然有大量的石油无法开采。

（三）气体矿产开采

天然气是典型的气藏资源，其开采不同于固体矿产，与石油开采也有差别。

天然气也同原油一样埋藏在地下封闭的地质构造之中，有些和原油储藏在同一层位，有些单独存在。对于和原油储藏在同一层位的天然气，会伴随原油一起开采出来；对于只有单相气存在的，开采方法既与原油的开采方法十分相似，又有其特殊的地方。

由于天然气密度小，为 $0.75 \sim 0.8kg/m^3$，黏度小，膨胀系数大，天然气开采时一般采用自喷方式，这和自喷采油方式基本一样。然而，由于气井压力一般较高，加上天然气属于易燃易爆气体，对采气井口装置的承压能力和密封性能比对采油井口装置的要求要高得多。

参考文献

[1] 刘雪婷. 现代生态环境保护与环境法研究 [M]. 北京：北京工业大学出版社，2023.

[2] 王成强，张淑贞，李志华. 生态环境监测与园林绿化设计 [M]. 北京：中国商务出版社，2023.

[3] 王晓东，张巍，王永生. 生态环境大数据应用实践 [M]. 长春：吉林大学出版社，2023.

[4] 王海文. 循环经济下的生态环境设计研究与应用 [M]. 哈尔滨：哈尔滨出版社，2023.

[5] 黄蕊. 黄河流域生态环境保护与全面高质量发展研究 [M]. 北京：群言出版社，2023.

[6] 张甘霖，杨金玲. 城市土壤演变及其生态环境效应 [M]. 上海：上海科学技术出版社，2023.

[7] 王琳. 生态环境遥感技术及应用 [M]. 北京：化学工业出版社，2024.

[8] 顾康康，董冬，汪惠玲. 城乡生态与环境规划 [M]. 南京：东南大学出版社，2022.

[9] 杨念江，朱东新，叶留根. 水利工程生态环境效应研究 [M]. 长春：吉林科学技术出版社，2022.

[10] 崔丽君. 水利工程生态环境效应研究 [M]. 长春：吉林科学技术出版社，2022.

[11] 李向东. 环境监测与生态环境保护 [M]. 北京：北京工业大学出版社，2022.

[12] 张克胜. 生态社会城市生态环境污染及防控研究 [M]. 青岛：中国海洋大学出版社，2022.

[13] 焦裕敏，张立刚，杨丽. 地质勘查与环境资源保护 [M]. 西安：西安地图出版社，2022.

[14] 白玉娟，陈彦，谢文欣. 水文地质勘查与环境工程 [M]. 长春：吉林科学技术出版社，2022.

[15] 姚美奎，吴连生，高洋. 地球化学在生态地质及环境工程的应用研究 [M]. 长春：吉林科学技术出版社，2021.

[16] 刘学友，曹雷，季鑫. 岩土工程勘察施工与环境地质保护研究 [M]. 哈尔滨：哈尔滨出版社，2023.

[17] 王经. 矿山地质环境勘察实务 [M]. 济南：山东科学技术出版社，2023.

[18] 张惠芳. 环境监测与水资源保护 [M]. 长春：吉林科学技术出版社，2022.

[19] 曾斌，周建伟，柴波. 地质环境监测技术与设计 [M]. 武汉：中国地质大学出版社，2020.

[20] 朱大奎，王颖. 环境地质学 [M]. 南京：南京大学出版社，2020.

[21] 罗建林. 环境地质学视角下的城市环境问题研究 [M]. 长春：东北师范大学出版社，2020.

[22] 范帆. 生态环境管理研究 [M]. 北京：中国原子能出版社，2021.

[23] 赵静，盖海英，杨琳. 水利工程施工与生态环境 [M]. 长春：吉林科学技术出版社，2021.

[24] 谢淑华，段昌莉，刘志浩. 城市生态与环境规划 [M]. 武汉：华中科技大学出版社，2021.

[25] 闫学全，田恒，谷豆豆. 生态环境优化和水环境工程 [M]. 汕头：汕头大学出版社，2021.

[26] 蔡金傍. 山美水库流域生态环境保护研究 [M]. 南京：河海大学出版社，2021.

[27] 胡智泉，胡辉，李胜利. 生态环境保护与可持续发展 [M]. 武汉：华中科技大学出版社，2021.

[28] 崔淑静，王江梅，徐靖岚. 环境监测与生态保护研究 [M]. 长春：吉林科学技术出版社，2022.

[29] 王海萍，彭娟莹. 环境监测 [M]. 北京：北京理工大学出版社，2021.

[30] 殷丽萍，张东飞，范志强. 环境监测和环境保护 [M]. 长春：吉林人民出版社，2022.

[31] 金民，倪洁，徐葳. 环境监测与环境影响评价技术 [M]. 长春：吉林科学技术出版社，2022.

[32] 张艳. 环境监测技术与方法优化研究 [M]. 北京：北京工业大学出版社，2022.